針筒兄弟與他們的器官小夥伴

注射器兄弟がマンガで教える！人体のナゾ図鑑

圖文／上谷夫婦（うえたに夫婦） 譯／李沛栩 審定／簡志祥

你在幹嘛？
你鏡子哪來的？
我想數舌頭上有幾個味蕾。
我瞧瞧
這根本不可能

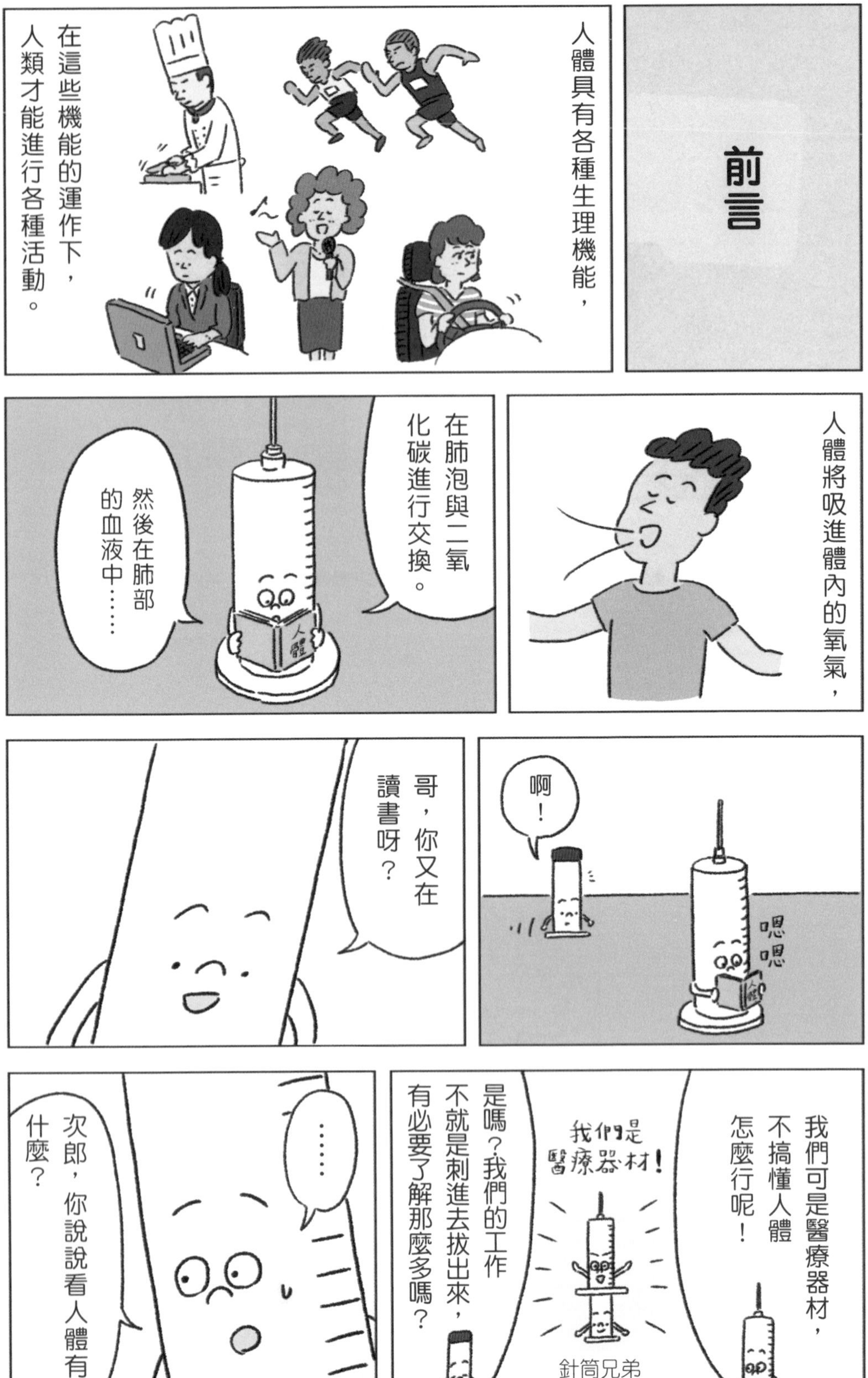

前言
人體具有各種生理機能，
在這些機能的運作下，
人類才能進行各種活動。
人體將吸進體內的氧氣，
在肺泡與二氧化碳進行交換。
然後在肺部的血液中……
人體
啊！
嗯嗯
哥，你又在讀書呀？
我們可是醫療器材，不搞懂人體怎麼行呢！
是嗎？我們的工作不就是刺進去拔出來，有必要了解那麼多嗎？
我們是醫療器材！
針筒兄弟
……
次郎，你說說看人體有什麼？

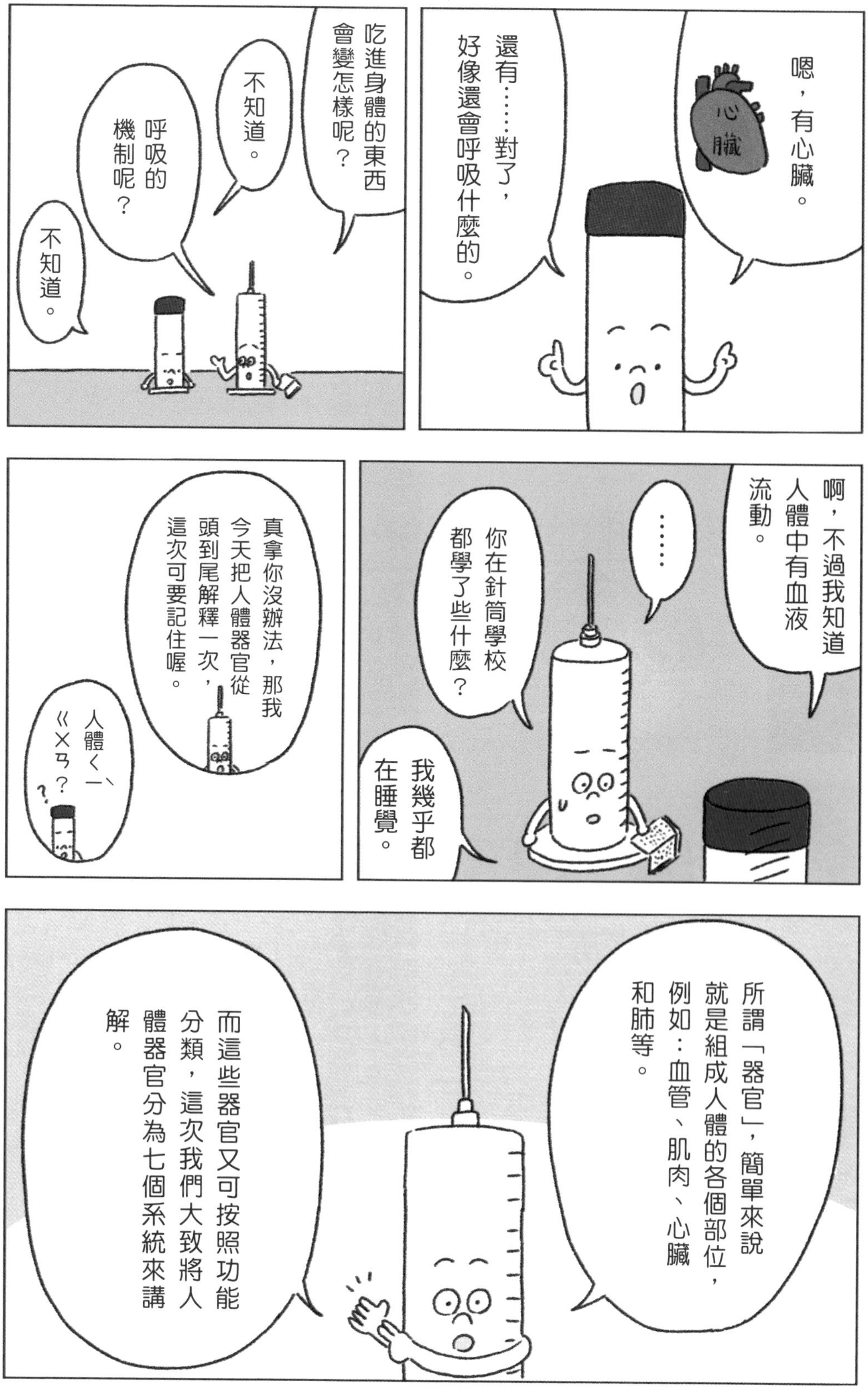
嗯，有心臟。
心臟
還有……對了，好像還會呼吸什麼的。
吃進身體的東西會變怎樣呢？
不知道。
呼吸的機制呢？
不知道。
啊，不過我知道人體中有血液流動。
……
你在針筒學校都學了些什麼？
我幾乎都在睡覺。
真拿你沒辦法，那我今天把人體器官從頭到尾解釋一次，這次可要記住喔。
人體ㄑㄧˋㄍㄨㄢ？
所謂「器官」，簡單來說就是組成人體的各個部位，例如：血管、肌肉、心臟和肺等。
而這些器官又可按照功能分類，這次我們大致將人體器官分為七個系統來講解。

人體的器官系統

骨骼、肌肉

例如：顱骨和肱二頭肌

消化系統

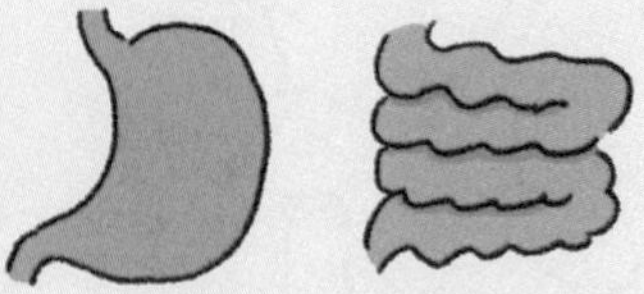

例如：胃和小腸

呼吸系統

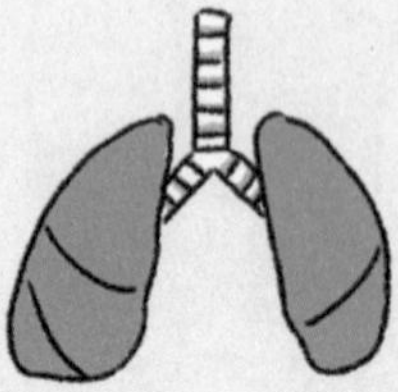

例如：氣管和肺

循環系統

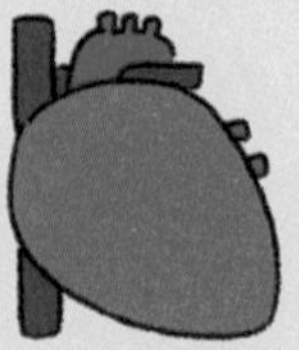

例如：心臟和血管

泌尿系統

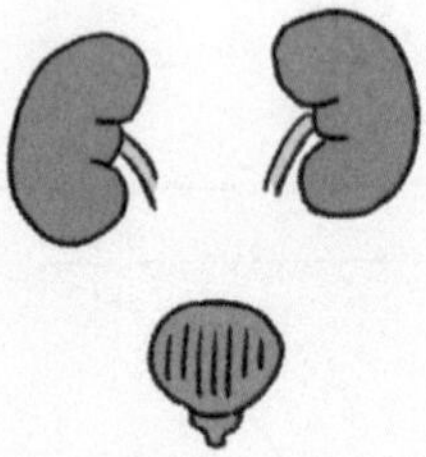

例如：腎臟和膀胱

感覺系統

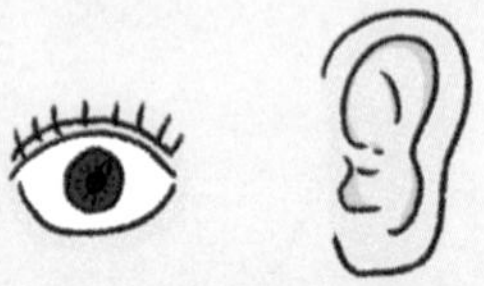

例如：眼睛和耳朵

神經系統

例如：腦和脊髓

哇~原來分成這麼多種。
當然也有其他分類方式就是了。

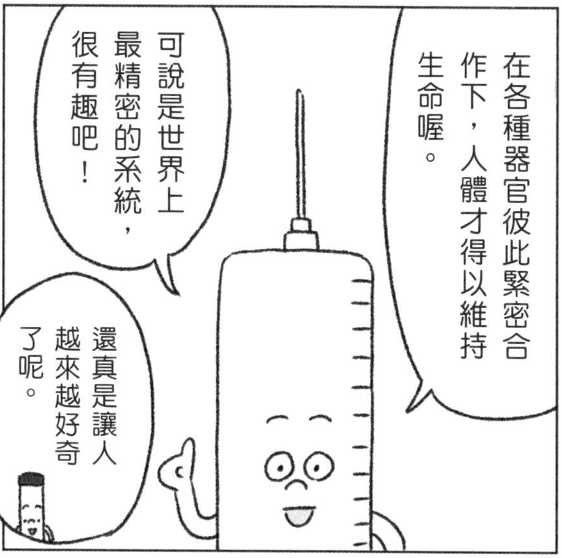
在各種器官彼此緊密合作下，人體才得以維持生命喔。
可說是世界上最精密的系統，很有趣吧！
還真是讓人越來越好奇了呢。

人體自修室
好！那我們去那個房間吧！
好喔~

登場人物介紹

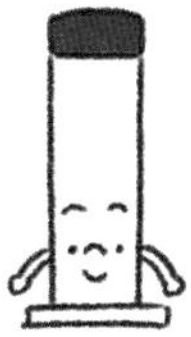

針筒次郎

對人體不太了解。
是針筒的後端（推桿）。

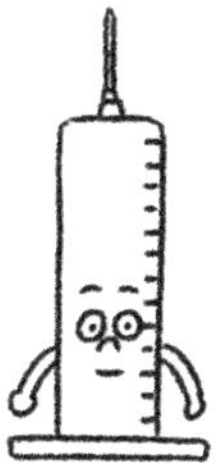

針筒太郎

熱衷學習，對人體非常了解。是針筒的前端（注射筒）。

作者的話

人體對我們而言，明明應該是最熟悉的存在，但往往因為看不見體內的情形，而不了解自己的身體。

為什麼會咳嗽？為什麼一緊張就會心跳加速？大便是怎麼形成的？只要讀過這本書後，你就能明白這些大多數人都不知道的人體運作機制。

讓我們一起跟著針筒兄弟，成為人體知識家吧！

上谷夫婦

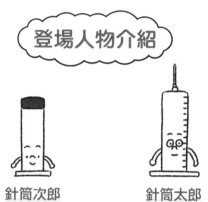

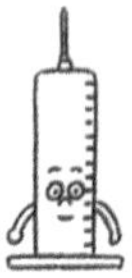

目錄

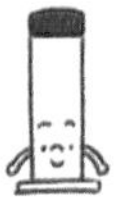

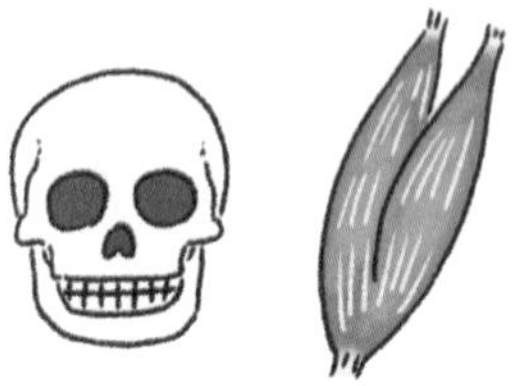

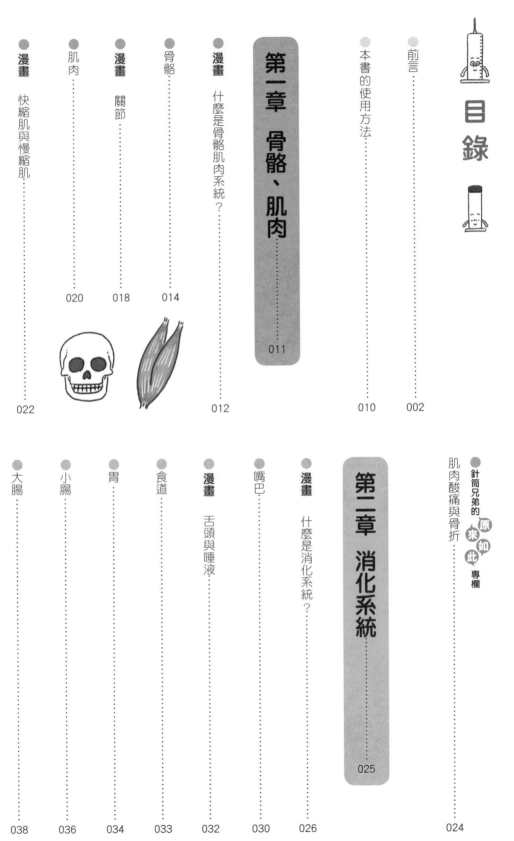

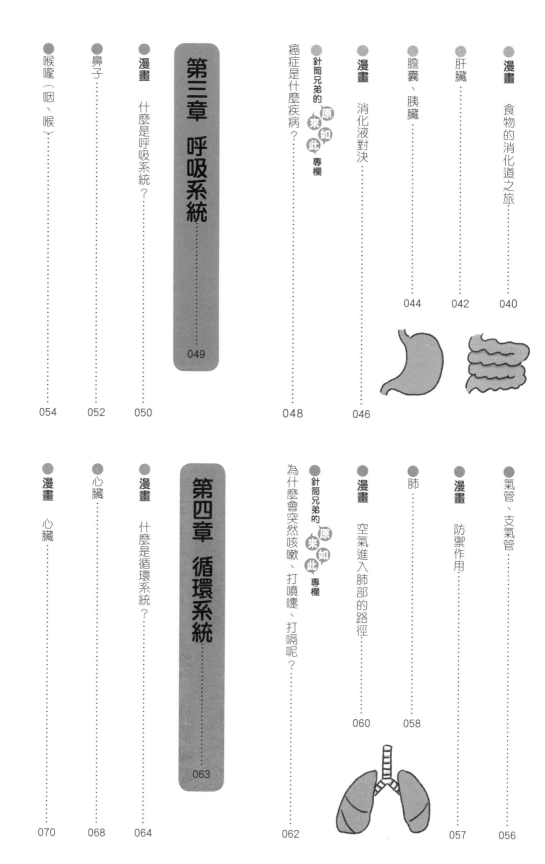

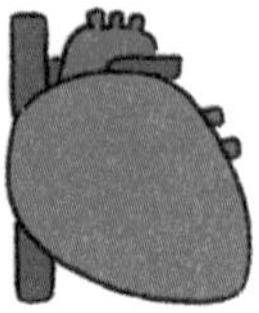

第五章 泌尿系統、生殖系統

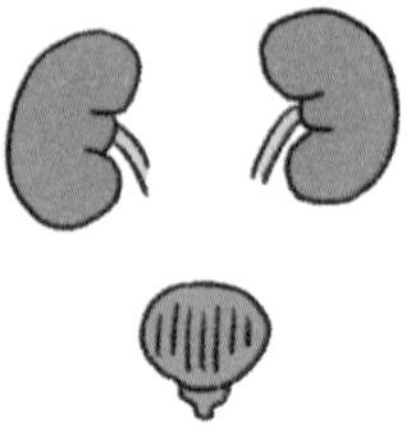

第六章 神經系統

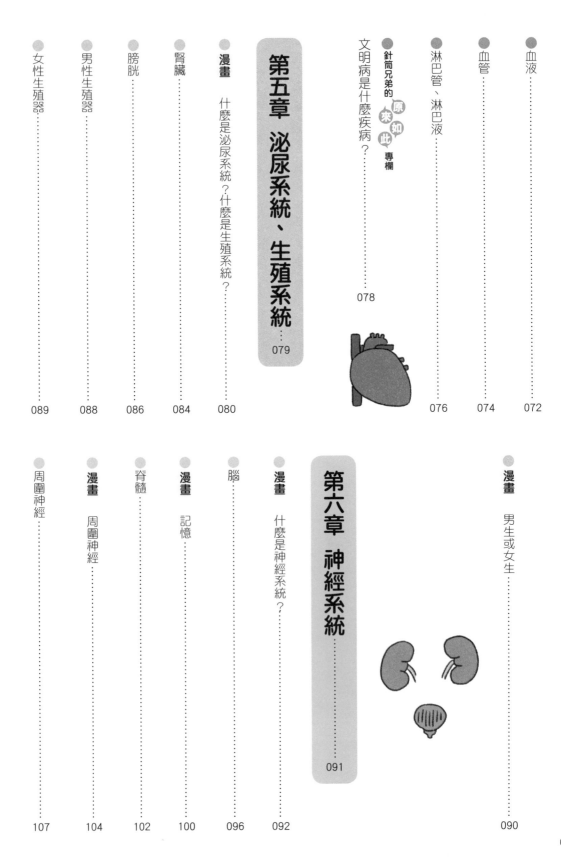

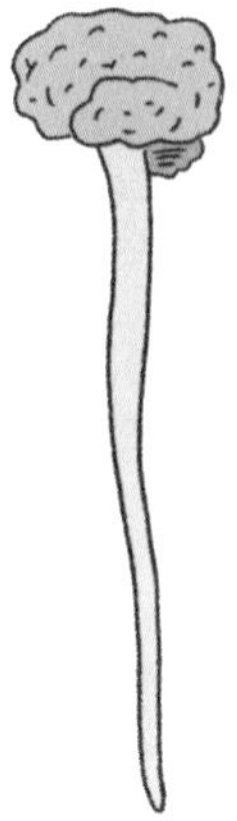
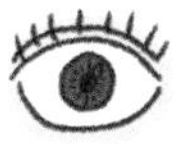
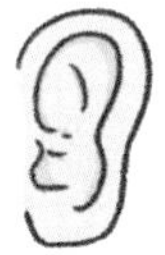
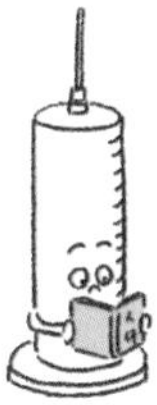

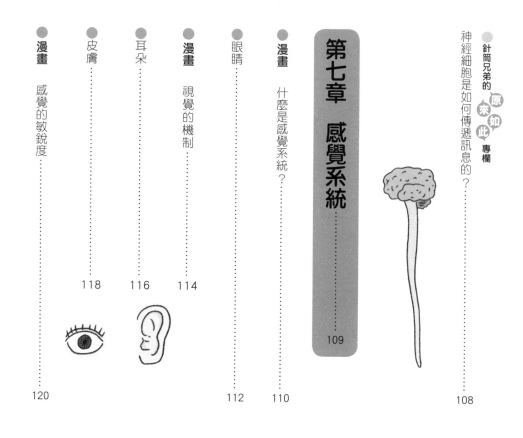

本書的使用方法

主要器官的名稱及位置

在每章的第一篇漫畫，都會介紹人體各系統主要器官的名稱及位置。

漫畫

漫畫中會介紹人體的各種器官和功能。

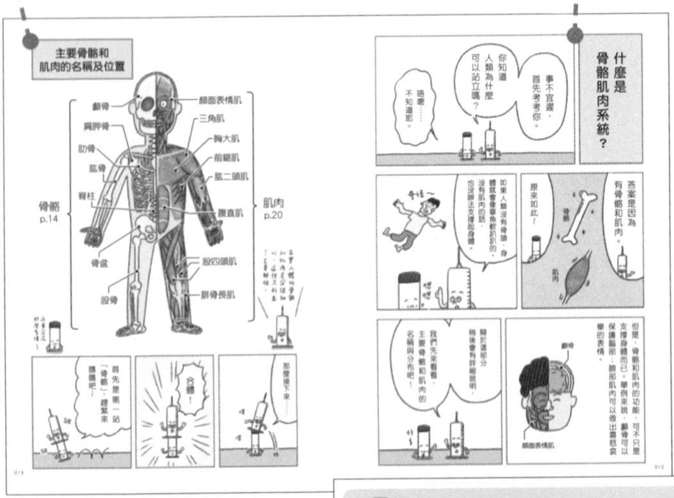

名稱

介紹器官名稱。

各種人體知識

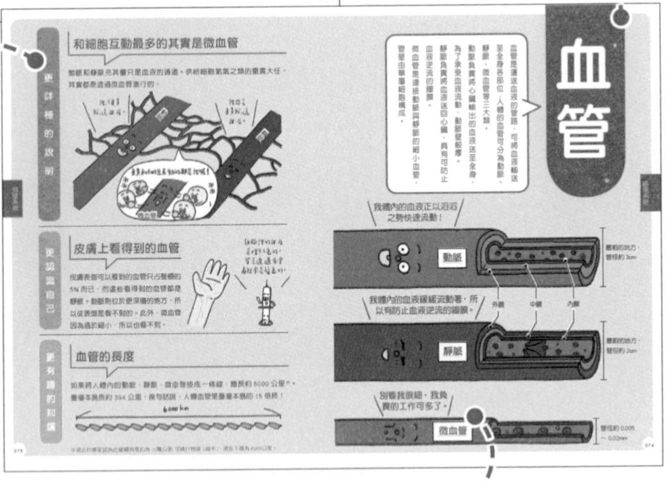

更詳細的說明

深入解說各個器官的功能或分類。

更有趣的知識

補充大多數人都不知道的人體小知識，全部讀完後，今天起你也是人體博士！

更認識自己

為什麼吃熱騰騰的麵時會流鼻水？這裡會介紹我們最熟悉的身體為什麼會有這些奇妙的現象。

特徵

說明每個器官的功能或特徵。

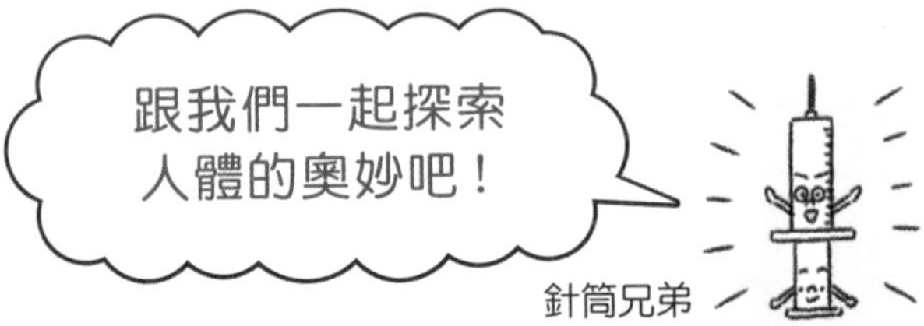

第一章

骨骼、肌肉

骨骼／肌肉

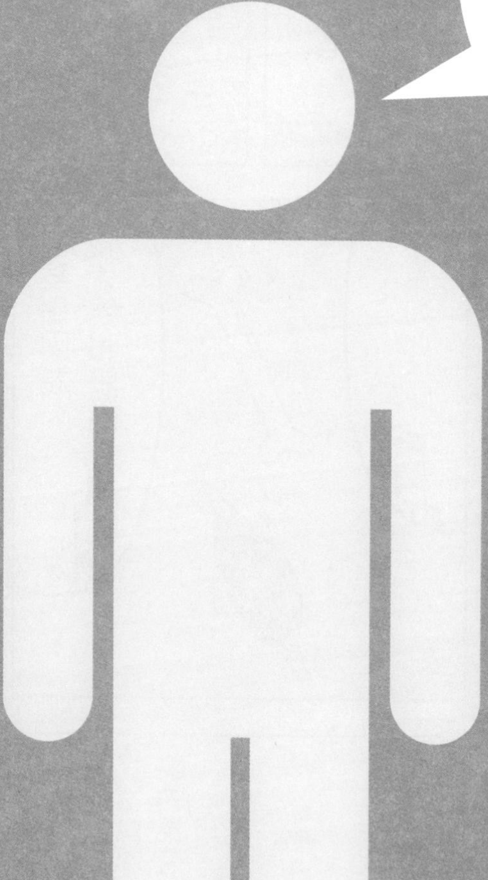

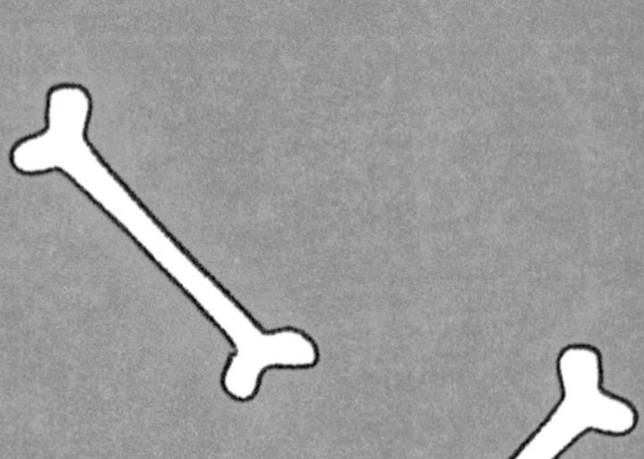

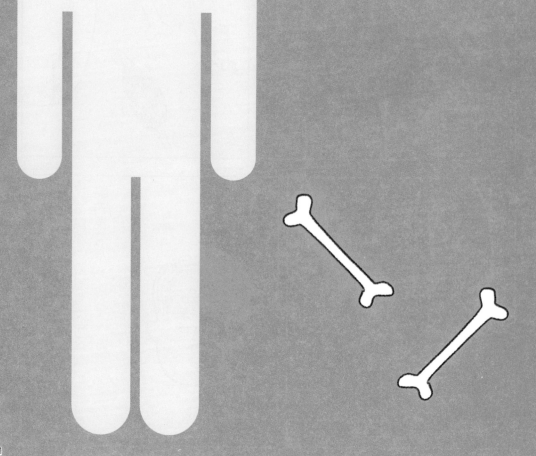

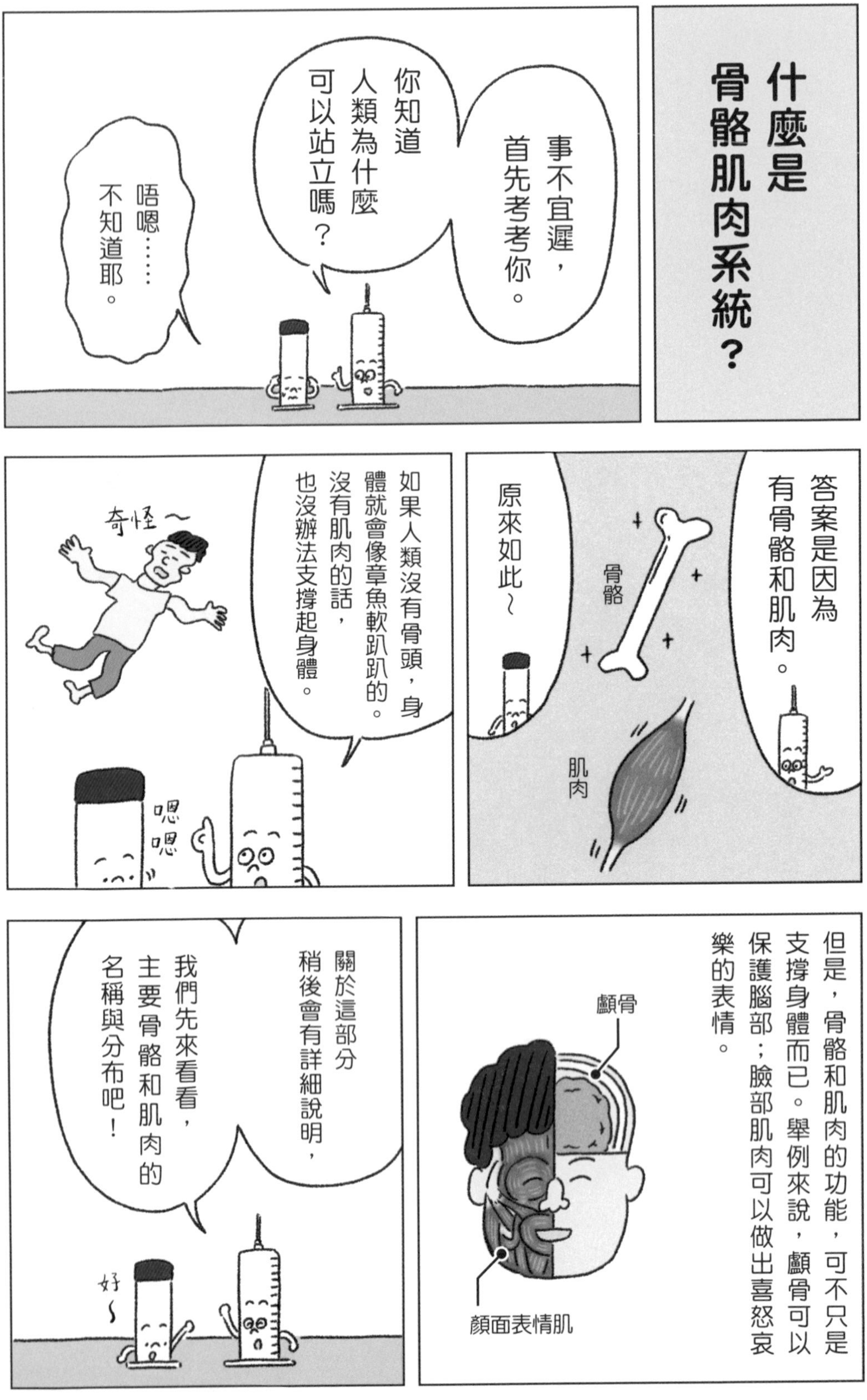
什麼是骨骼肌肉系統？
事不宜遲，首先考考你。
你知道人類為什麼可以站立嗎？
唔嗯……不知道耶。
答案是因為有骨骼和肌肉。
骨骼
肌肉
原來如此～
如果人類沒有骨頭，身體就會像章魚軟趴趴的。沒有肌肉的話，也沒辦法支撐起身體。
奇怪～
嗯嗯
但是，骨骼和肌肉的功能，可不只是支撐身體而已。舉例來說，顱骨可以保護腦部；臉部肌肉可以做出喜怒哀樂的表情。
顱骨
顏面表情肌
關於這部分稍後會有詳細說明，
我們先來看看，主要骨骼和肌肉的名稱與分布吧！
好～

主要骨骼和肌肉的名稱及位置

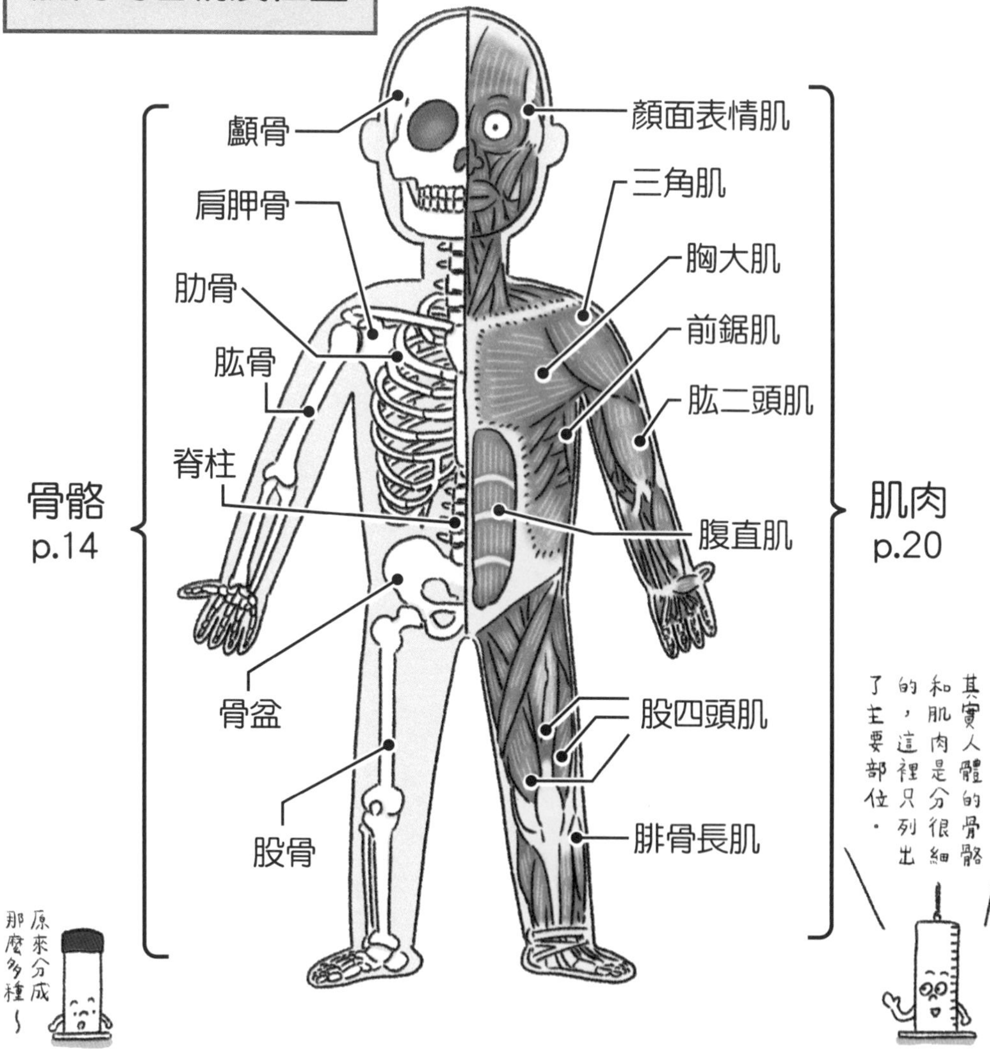
顱骨
肩胛骨
肋骨
肱骨
脊柱
骨骼
p.14
骨盆
股骨
顏面表情肌
三角肌
胸大肌
前鋸肌
肱二頭肌
腹直肌
肌肉
p.20
股四頭肌
腓骨長肌
原來分成那麼多種～
其實人體的骨骼和肌肉是分很細的，這裡只列出了主要部位。

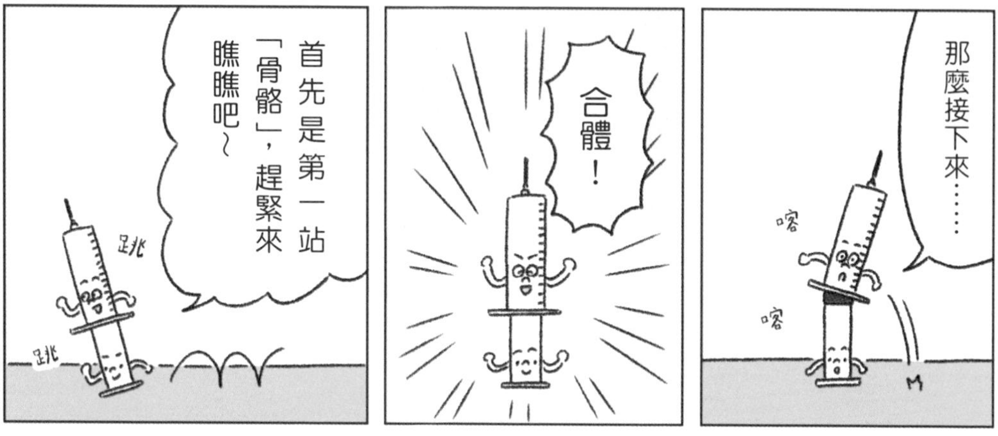
首先是第一站「骨骼」，趕緊來瞧瞧吧～
跳
跳
合體！
那麼接下來……
喀
喀

骨骼

堅硬又結實的骨骼是支撐人體的支架。成人的全身上下，有大大小小約二百塊左右的骨頭；依照部位不同，而具有不同功用。此外，人們常以為骨骼不會變化，但事實上，骨骼是活的組織，會不斷進行新陳代謝，透過分解與重造，以維持骨骼的完整性。骨骼內部有血管、也有細胞※，這種細胞所分泌的含鈣物質是形成硬骨的關鍵物質。

※人體內約有三十七兆個細胞，由肌細胞、神經細胞等多種細胞構成。

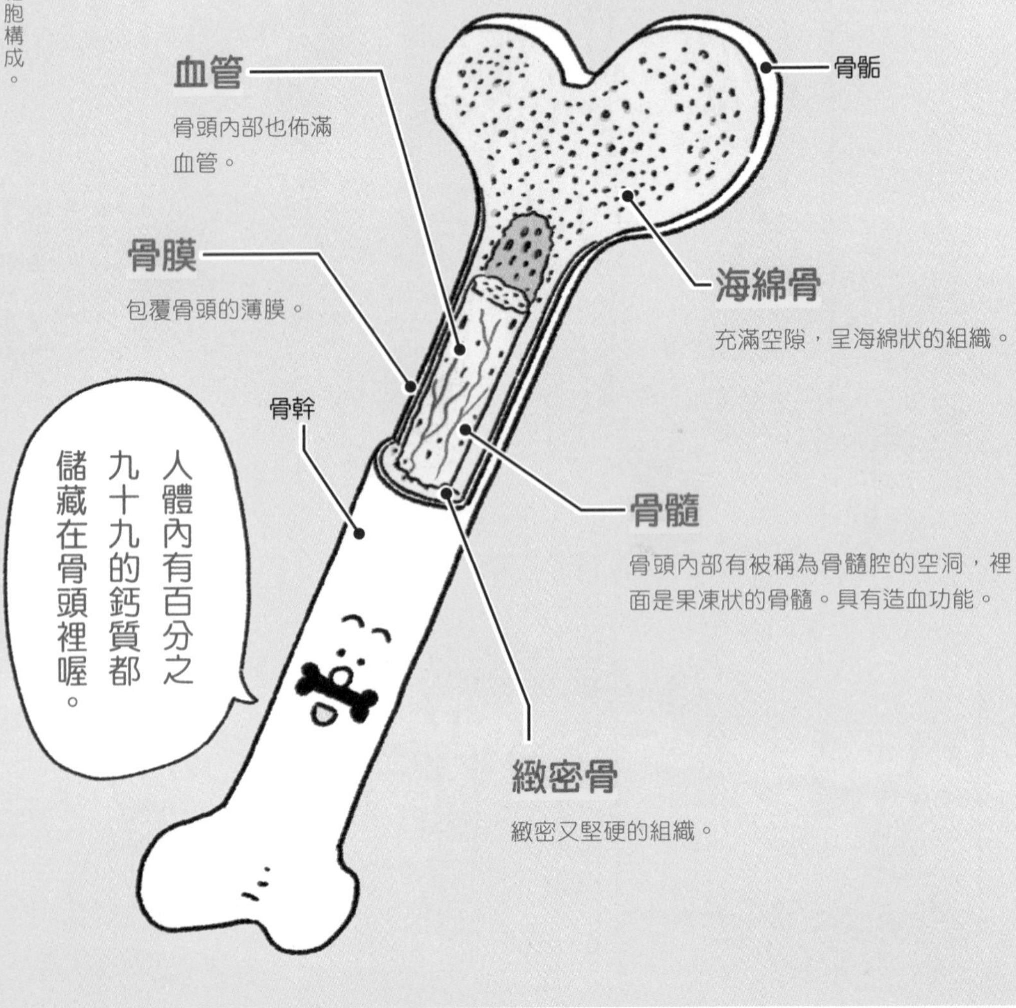
血管
骨頭內部也佈滿血管。
骨骺
骨膜
包覆骨頭的薄膜。
海綿骨
充滿空隙，呈海綿狀的組織。
骨幹
骨髓
骨頭內部有被稱為骨髓腔的空洞，裡面是果凍狀的骨髓。具有造血功能。
緻密骨
緻密又堅硬的組織。
人體內有百分之九十九的鈣質都儲藏在骨頭裡喔。

更詳細的說明

骨骼的功用

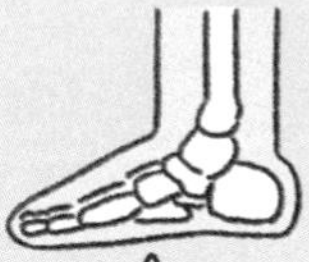

支撐人體

保護腦部和內臟

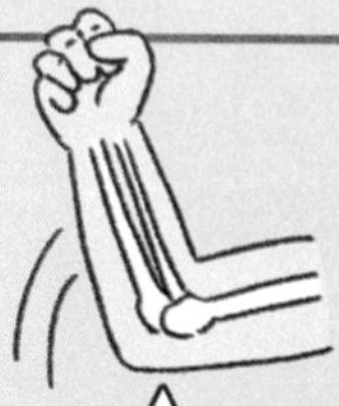

活動身體

骨髓具有造血功能

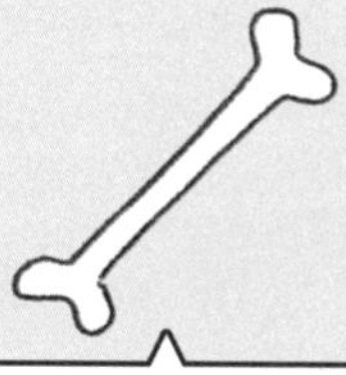

儲存鈣質

血液中的鈣質會經由汗水及尿液排出體外，若過度流失造成缺鈣時，則由骨骼溶出鈣質來維持鈣的平衡。

骨骼的形狀及種類

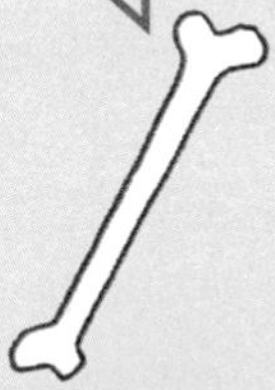

長骨

呈細長圓柱狀的骨頭，例如股骨、肱骨等。

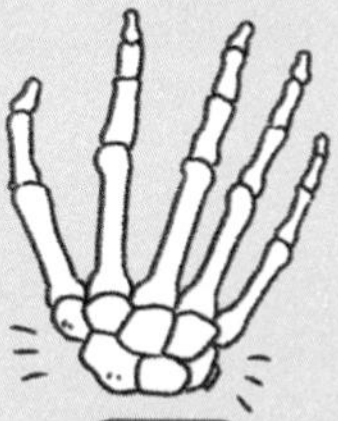

短骨

短小如石塊的骨頭，例如手掌的骨頭（腕骨）等。

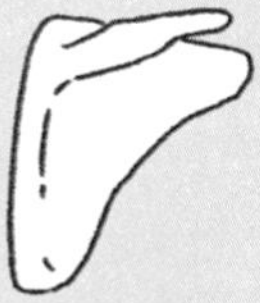

扁平骨

扁平的板狀骨頭，例如肩胛骨等。

含氣骨

骨內有小洞可含空氣，例如鼻子周圍部分的顱骨等。

骨骼的大小

人體中最長的骨頭是大腿的股骨，長度約為身高的四分之一。而人體內所有叫得出名字的骨頭中，最小的骨頭是耳朵內部的鐙骨，長度約3毫米。

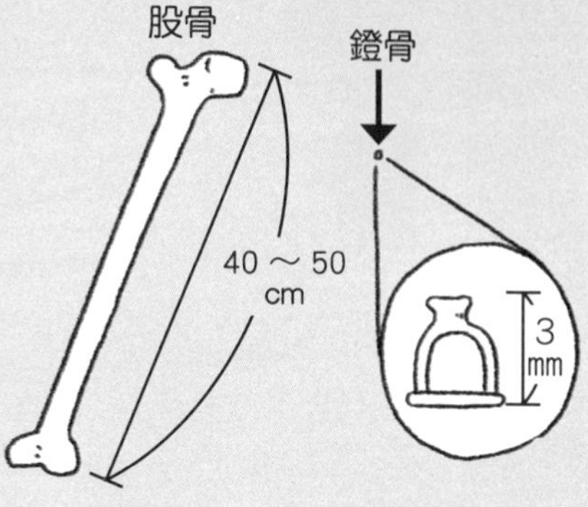

骨骼的形狀及種類

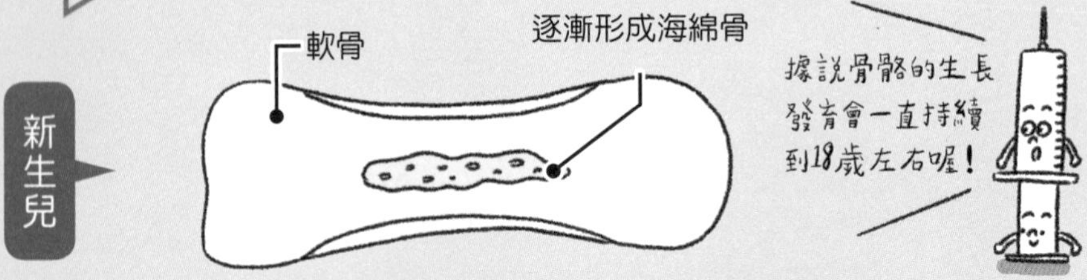
新生兒
軟骨
逐漸形成海綿骨
據說骨骼的生長發育會一直持續到18歲左右喔！

初生嬰兒全身的骨頭幾乎都是軟骨※，骨頭中間的細胞變成「成骨細胞（製造骨頭的細胞）」後，從中央開始逐漸製造出硬骨。

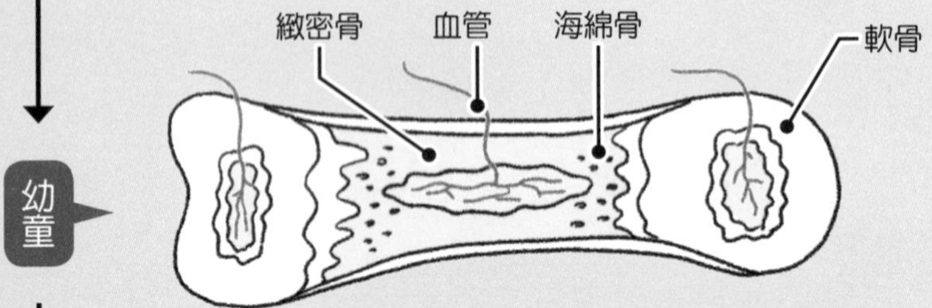
幼童
緻密骨
血管
海綿骨
軟骨

血管延伸進骨頭內。軟骨的比例逐漸減少，緻密骨和海綿骨的比例逐漸增加。這個時期的骨骼整體還是偏軟。

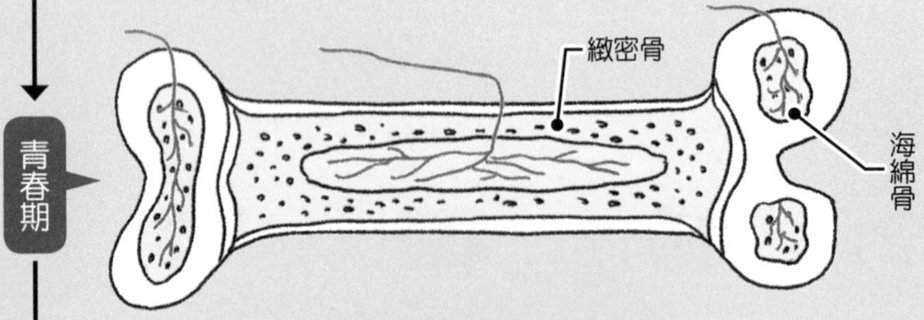
青春期
緻密骨
海綿骨

骨頭持續變長變粗，骨頭兩端的軟骨也逐漸轉變成硬骨。

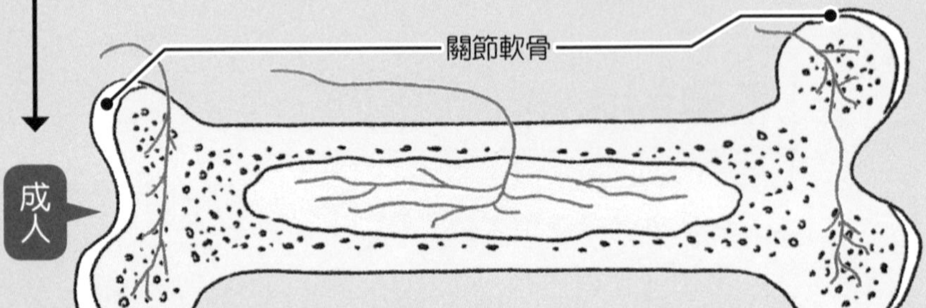
成人
關節軟骨

過了青春期，軟骨幾乎都被硬骨取代（只剩下關節部分），骨頭停止發育。因此，成人之後，骨骼會變粗，但不會變長。

※軟骨：有彈性的骨頭。軟骨的成分與一般的硬骨不同。

成人與小孩的骨頭數量

剛出生的小嬰兒全身有三百塊以上的骨頭；隨著成長，這些骨頭會慢慢連結，因此成人後才會變成二百塊左右的骨頭。

真的會脫胎「換骨」？

即便青春期過後，骨頭停止發育，成骨細胞仍會繼續製造新的骨質，重建被破壞的骨質，這個循環稱為「骨代謝」。成人全身的骨頭平均三到五年就會汰舊換新一次。

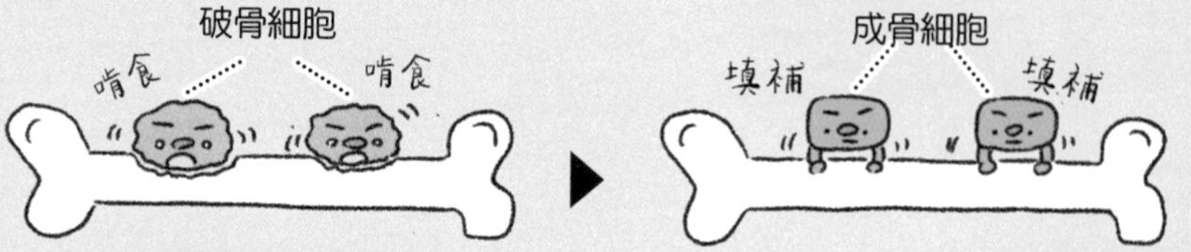

破骨細胞破壞老舊的骨頭，將骨頭的成分釋放到血液中。

成骨細胞利用血液中的鈣質等成分製造新的骨頭。

骨質疏鬆症

因老化等因素導致「骨代謝」的平衡崩解，骨頭再生的速度趕不上分解的速度，造成骨質流失，骨頭呈現空洞、疏鬆的現象，就稱為骨質疏鬆症。

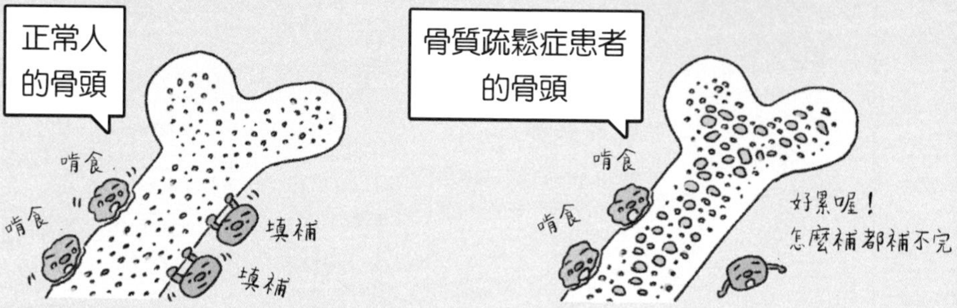

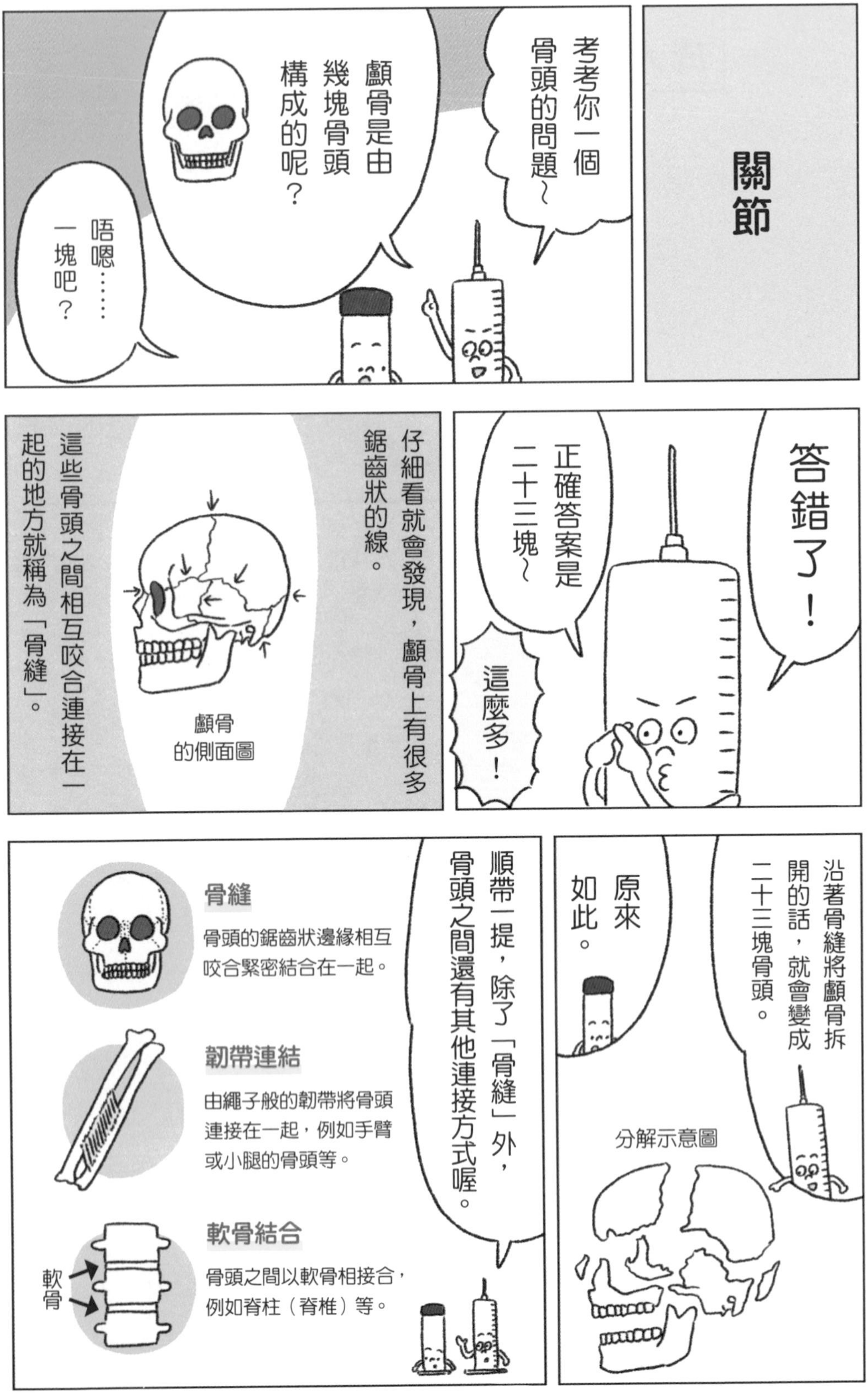

關節
考考你一個骨頭的問題~
顱骨是由幾塊骨頭構成的呢？
唔嗯……一塊吧？
答錯了！
正確答案是二十三塊~
這麼多！
仔細看就會發現，顱骨上有很多鋸齒狀的線。
顱骨的側面圖
這些骨頭之間相互咬合連接在一起的地方就稱為「骨縫」。
沿著骨縫將顱骨拆開的話，就會變成二十三塊骨頭。
原來如此。
分解示意圖
順帶一提，除了「骨縫」外，骨頭之間還有其他連接方式喔。
骨縫
骨頭的鋸齒狀邊緣相互咬合緊密結合在一起。
韌帶連結
由繩子般的韌帶將骨頭連接在一起，例如手臂或小腿的骨頭等。
軟骨結合
軟骨
骨頭之間以軟骨相接合，例如脊柱（脊椎）等。

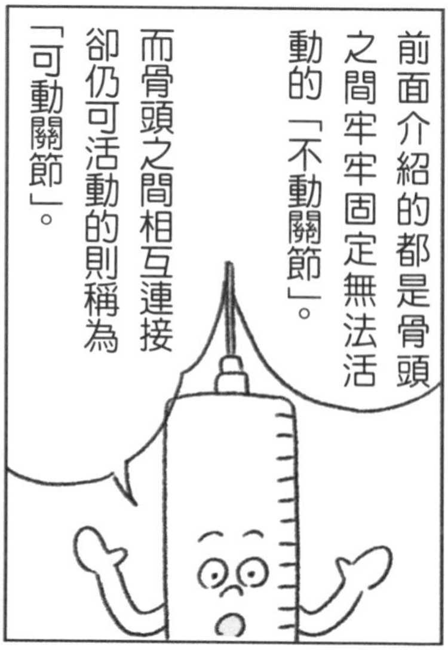
前面介紹的都是骨頭之間牢牢固定無法活動的「不動關節」。
而骨頭之間相互連接卻仍可活動的則稱為「可動關節」。

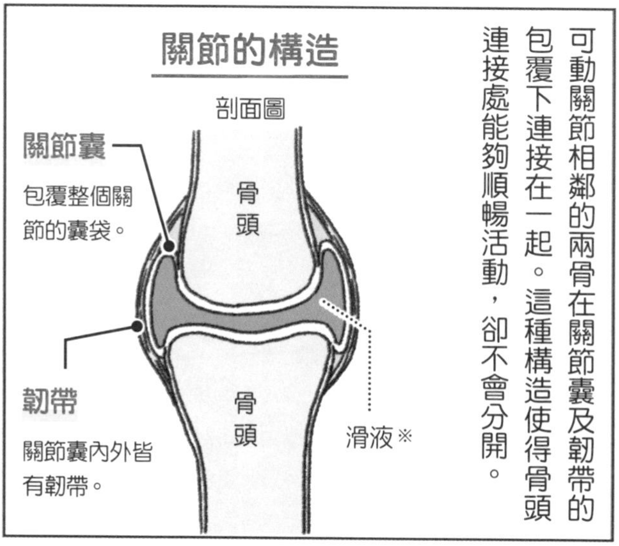
關節的構造
可動關節相鄰的兩骨在關節囊及韌帶的包覆下連接在一起。這種構造使得骨頭連接處能夠順暢活動，卻不會分開。
剖面圖
關節囊
包覆整個關節的囊袋。
骨頭
骨頭
韌帶
關節囊內外皆有韌帶。
滑液※

※可使關節減少摩擦、順暢活動的液體。

關節的主要種類

車軸關節

關節頭如車軸，關節窩如軸承，只能進行旋轉動作，像是手肘的關節。

屈戌關節

關節形狀如門板鉸鏈般組合在一起，只能朝單一方向運動，像是膝蓋的關節。

骨骼

鞍狀關節

關節的形狀如兩個馬鞍互相嵌合，可前後左右移動，例如：大拇指根部的關節。

杵臼關節

除了可以前後左右移動，還能繞圈旋轉，是最靈活的關節，例如：肩關節或髖關節。

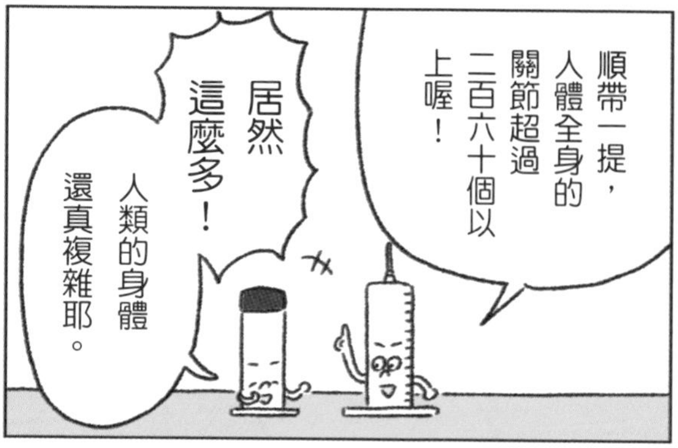
順帶一提，人體全身的關節超過二百六十個以上喔！
居然這麼多！
人類的身體還真複雜耶。

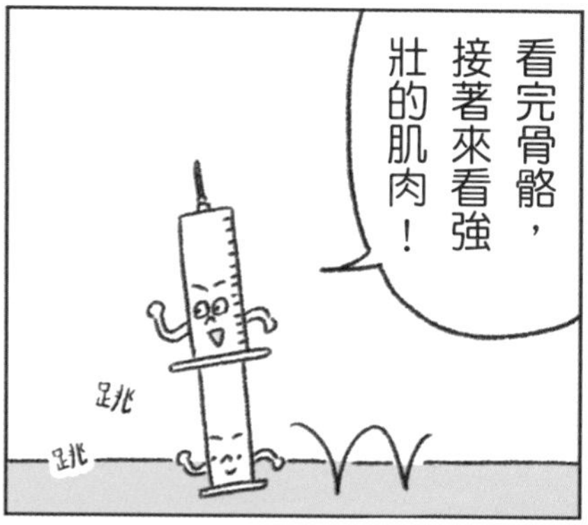
看完骨骼，接著來看強壯的肌肉！
跳
跳

肌肉

人體的肌肉均由主成分為蛋白質的纖維狀細胞「肌纖維」聚集而成。這些肌肉各有不同功能：有些肌肉附著在骨骼上，使身體可以靈活運動；有些肌肉則是維持內臟運作不可或缺的好幫手。使身體可以靈活運動的肌肉稱為「骨骼肌」，在這些肌肉的協同合作、連動下，人體才能進行複雜精密的動作。此外，骨骼肌有許多形狀，依形狀不同大致分為五個種類。

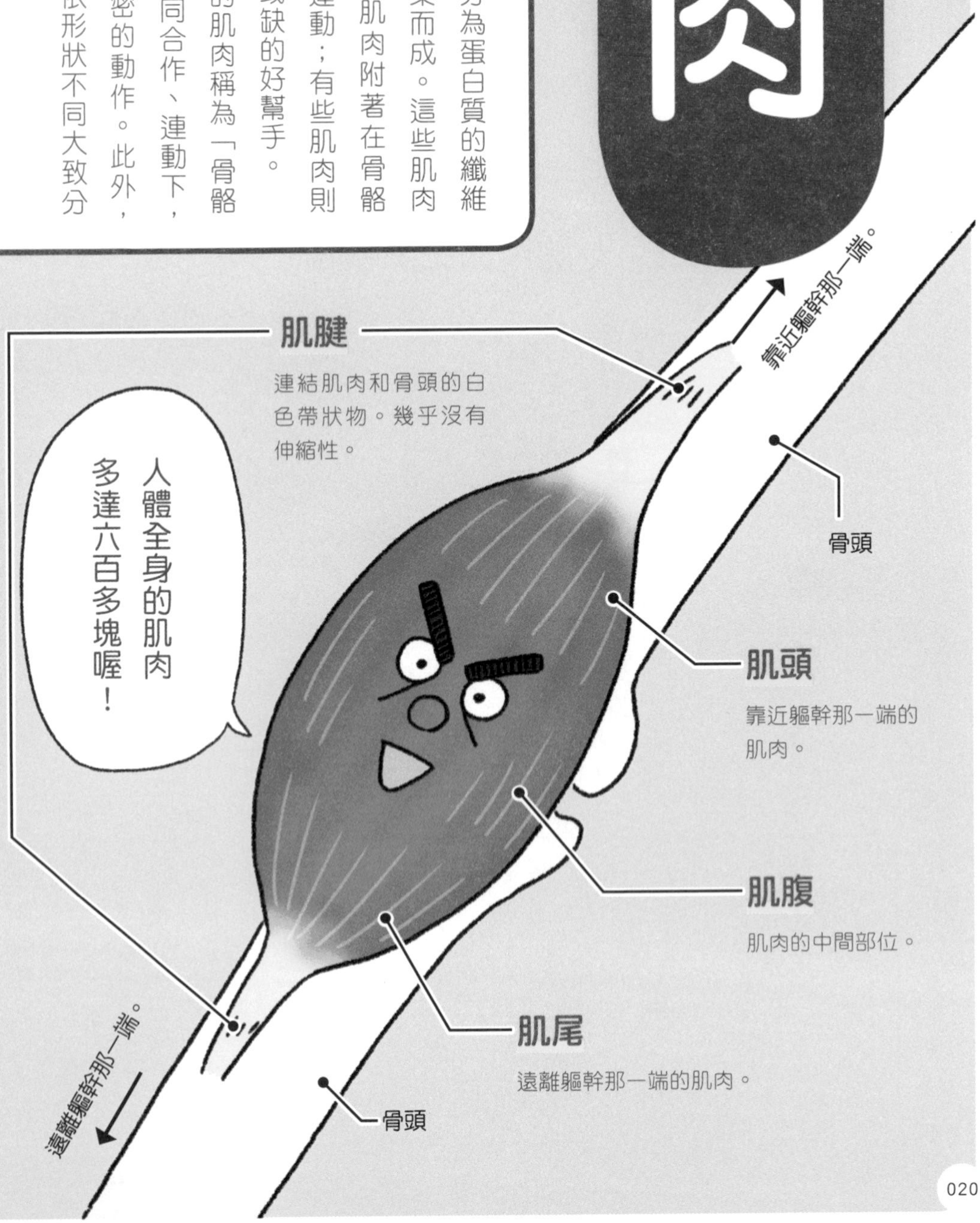

肌腱
連結肌肉和骨頭的白色帶狀物。幾乎沒有伸縮性。
人體全身的肌肉多達六百多塊喔！
靠近軀幹那一端。
骨頭
肌頭
靠近軀幹那一端的肌肉。
肌腹
肌肉的中間部位。
肌尾
遠離軀幹那一端的肌肉。
骨頭
遠離軀幹那一端。

更詳細的說明

肌肉大致分為三個種類

伸縮
伸縮

骨骼肌

一般常說的肌肉即為骨骼肌，它附著在骨頭上，使身體可以靈活運動。可依自由意志操控。

撲通
撲通

心肌

心臟主要由心肌構成，可以自動產生規律的收縮運動。

蠕動
蠕動

平滑肌

胃等內臟的肌肉，受自主神經支配維持經常性運作，如胃壁的蠕動。

骨骼肌的分類

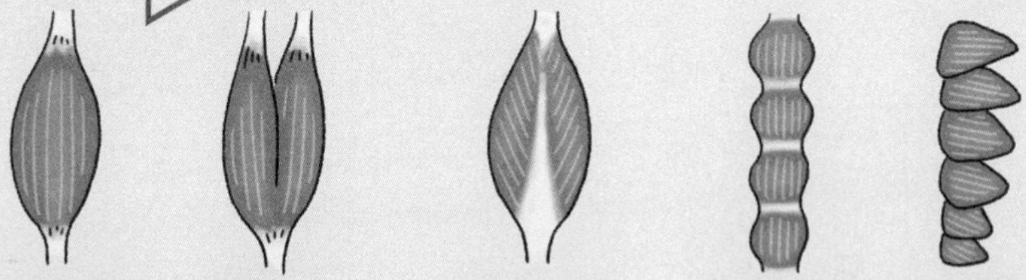

梭狀肌

肌肉的基本形狀，像是肱肌※1。

二頭肌

有2個肌頭的肌肉※2，像是肱二頭肌。

羽狀肌

肌纖維如鳥羽般斜向排列的肌肉，像是腓骨長肌。

多腹肌

腹肌分成多塊，像是腹直肌。

鋸肌

形狀如鋸齒般的肌肉，像是前鋸肌。

更有趣的知識

什麼是肌肉拉傷？

運動前沒有好好熱身，突然快速奔跑而導致一部分肌肉纖維撕裂傷，這種情況就稱為「肌肉拉傷」。一般來說，肌肉拉傷完全痊癒需要三到五週的時間。

突然奔跑！
啊！
最常發生在
小腿肚和大腿
的肌肉喔！

※1 位於肱二頭肌深層的肌肉。　※2 除了二頭肌之外，還有三頭肌、四頭肌。

快縮肌與慢縮肌

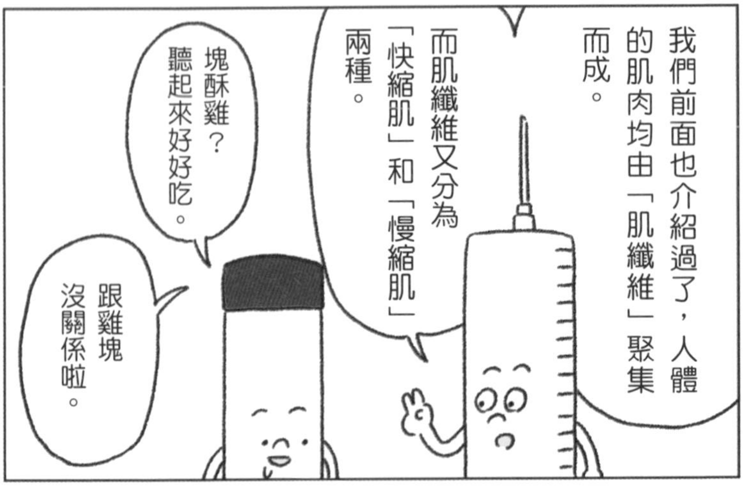
我們前面也介紹過了，人體的肌肉均由「肌纖維」聚集而成。
而肌纖維又分為「快縮肌」和「慢縮肌」兩種。
塊酥雞？聽起來好好吃。
跟雞塊沒關係啦。

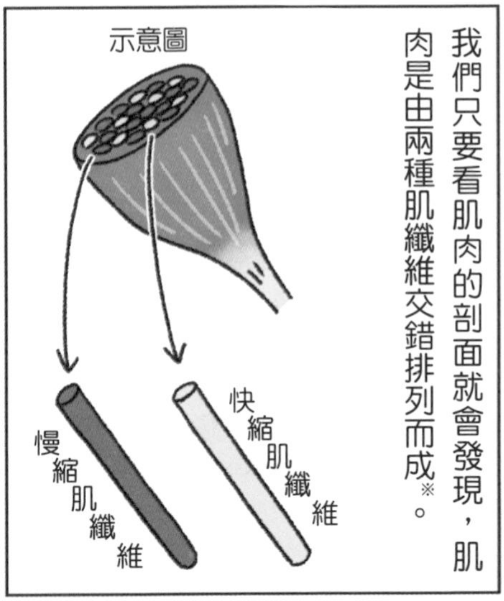
我們只要看肌肉的剖面就會發現，肌肉是由兩種肌纖維交錯排列而成※。
示意圖
快縮肌纖維
慢縮肌纖維

快縮肌纖維的顏色偏白，所以又稱「白肌纖維」。
慢縮肌纖維的顏色偏紅，所以又稱「紅肌纖維」。
只差在顏色不同？

不，其實……
等一下！接下來的說明就交給我們吧！
嗯？

啊！肌纖維君你們來啦。
嗨！我是快縮肌纖維。
快
也就是白肌纖維。
嗨！我是慢縮肌纖維。
慢
也就是紅肌纖維。
喔喔！顏色真的不一樣。

※快縮肌纖維比例較高的肌肉稱為「快縮肌」；慢縮肌纖維比例較高的肌肉則稱為「慢縮肌」。

快縮肌的收縮速度快，具有瞬間爆發力。需要高爆發力的運動，主要是靠我出馬。
會使用到快縮肌的運動
嗚啊！
舉重
咻
短跑
不過我耐力很差就是了。
快
慢縮肌的收縮速度慢，但具有持久力。長時間的耐力運動，主要都是靠我出馬。
會使用到慢縮肌的運動
抓
攀岩
呼呼
馬拉松
不過我沒有瞬間爆發力。
慢
簡單說就是
「我」比較厲害！
哈啊？你說什麼？
我才想問你呢！
滋滋
碰
咻
好痛！
你幹嘛啦！
咚
來呀！
誰怕誰
哇喔！打架到底是瞬間爆發力會贏？還是持久力勝出呢？
別看好戲了！快點阻止他們！
要比速度是我贏！
拳打腳踢
打長期戰對我有利！
拳打 腳踢

針筒兄弟的原來如此專欄

肌肉酸痛與骨折

說到肌肉或骨骼受傷，大家最先想到的應該是肌肉酸痛和骨折吧。肌肉酸痛的原因，其實是肌肉使用過度，造成肌纖維受傷而引起發炎、腫脹，並釋放出會引起疼痛的化學物質。肌纖維本身並沒有痛覺，是受傷後產生的化學物質接觸到肌肉外層的薄膜，刺激肌肉中的感覺神經引起疼痛。因此，肌纖維受傷後要過段時間才會感到痛。

伸展肌肉的動作最容易造成肌肉痠痛，像是要把手中的東西放到地面上的伸展動作，其實最容易使肌纖維受傷。學校營養午餐負責打飯的同學，將裝滿午餐的籃子抬回教室時，這種搬運、放置重物的動作，一定要慢慢來，才能避免肌肉受傷。

骨折顧名思義指的就是骨頭斷裂，然而骨折又分為很多種：有垂直斷成兩段的「橫向骨折」；斷口與骨頭呈斜角的「斜向骨折」；骨頭受到扭轉而斷裂的「螺旋骨折」；骨頭出現裂縫但並未完全斷裂的「不完全骨折」；骨頭受到壓迫而斷裂的「壓迫性骨折」；骨頭的一部分剝離骨頭主體的「剝離性骨折」；骨頭碎裂成細碎粉狀的「粉碎性骨折」；斷骨刺穿皮膚表面的「複雜性骨折（開放性骨折）」；斷骨未凸出皮膚表面的「簡單骨折（閉鎖性骨折）」；骨頭長期沒有適度休息，承受不了反覆的壓力而斷裂的「疲勞性骨折」。

骨折的治療方式，可以用石膏固定住骨折部位，直到骨頭癒合；或開刀將鋼釘或鋼板置入體內，固定住骨折部位。骨頭具有再生能力，所以只要將斷骨接上並固定，斷裂的骨頭就會自己漸漸癒合。

我們在前面也介紹過，骨頭的疾病除了骨折之外，還有骨質會變得脆弱易斷的骨質疏鬆症。人體的骨骼透過不斷的分解與再造，來維持骨骼的完整性，然而骨質的生成需要鈣質，人體若缺乏鈣質，「骨代謝」的平衡就會崩解，骨頭再生的速度趕不上分解的速度，導致骨質疏鬆症。一旦罹患骨質疏鬆症，就連打噴嚏也可能造成骨折，因此平時就要補充鈣質，適度的晒太陽，維持適當的運動量，以打造健康的骨骼。

第二章

消化系統

嘴巴／食道／胃
小腸／大腸／肝臟
膽囊、胰臟

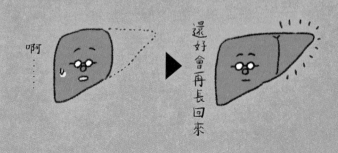

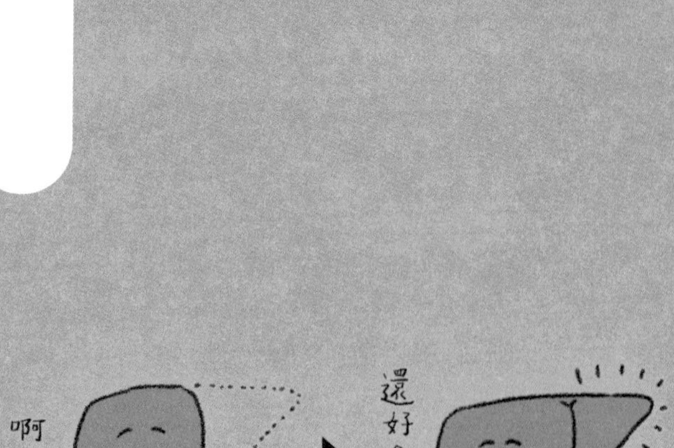

什麼是消化系統？

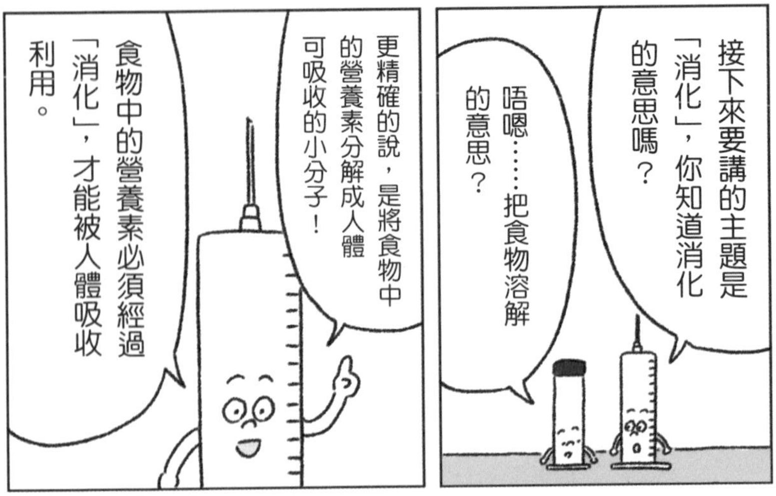
接下來要講的主題是「消化」，你知道消化的意思嗎？
唔嗯……把食物溶解的意思？
更精確的說，是將食物中的營養素分解成人體可吸收的小分子！
食物中的營養素必須經過「消化」，才能被人體吸收利用。

人體必需營養素

以下為人類維持生命不可或缺的 6 種營養素。

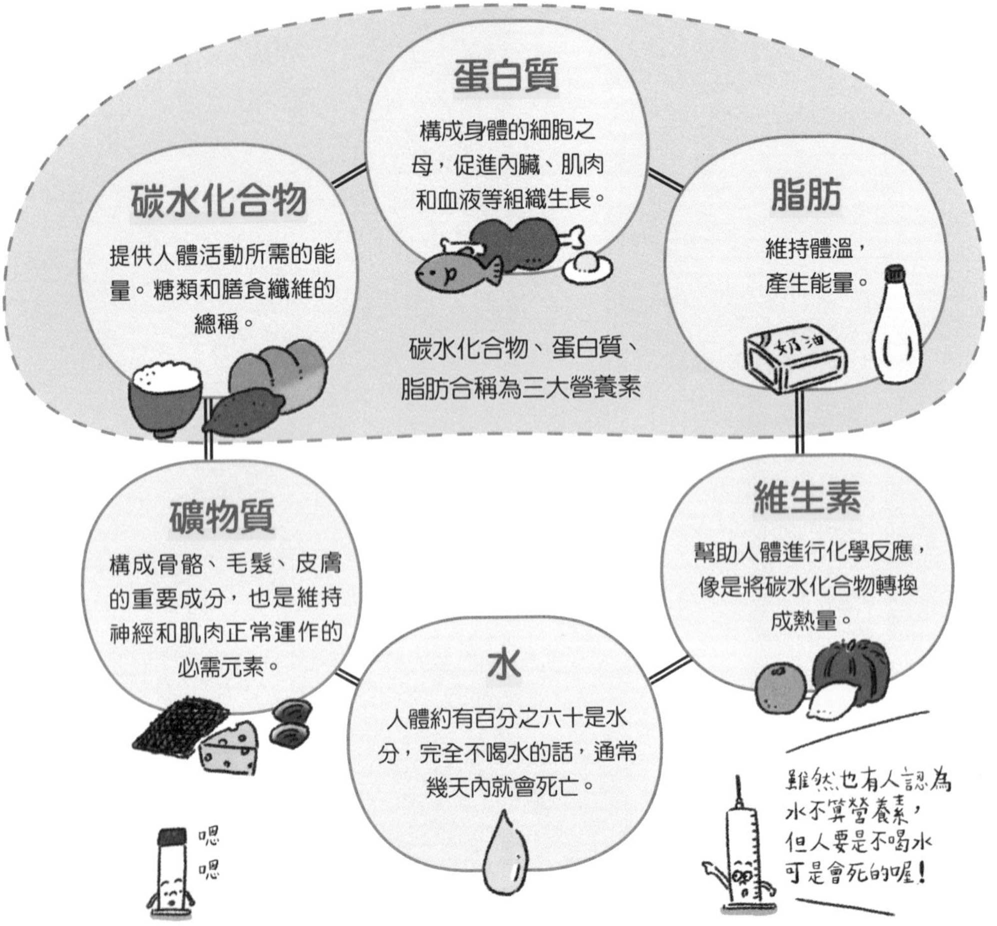
蛋白質
構成身體的細胞之母，促進內臟、肌肉和血液等組織生長。
碳水化合物
提供人體活動所需的能量。糖類和膳食纖維的總稱。
脂肪
維持體溫，產生能量。
奶油
碳水化合物、蛋白質、脂肪合稱為三大營養素
礦物質
構成骨骼、毛髮、皮膚的重要成分，也是維持神經和肌肉正常運作的必需元素。
維生素
幫助人體進行化學反應，像是將碳水化合物轉換成熱量。
水
人體約有百分之六十是水分，完全不喝水的話，通常幾天內就會死亡。
嗯嗯
雖然也有人認為水不算營養素，但人要是不喝水可是會死的喔！

這些營養素，
特別是三大營養素，
因為分子過大
而無法直接
被人體吸收。
這時候就輪到
「消化」出場了！
碳水化合物
蛋白質
脂肪

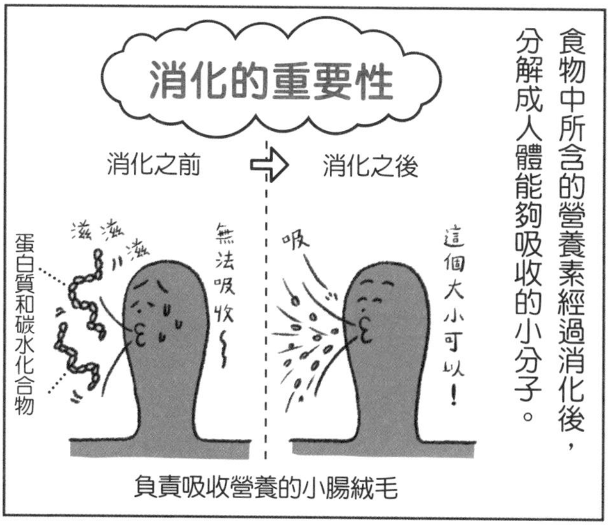
消化的重要性
食物中所含的營養素經過消化後，
分解成人體能夠吸收的小分子。
消化之前
消化之後
蛋白質和碳水化合物
滋滋
滋
無法吸收～
吸
這個大小可以！
負責吸收營養的小腸絨毛

而消化又可分為
「機械性消化」
和「化學性消化」
兩種！

消化

機械性消化

例如：用牙齒咬碎食物，經過胃壁研磨等，透過肌肉活動將食物磨碎的消化過程。

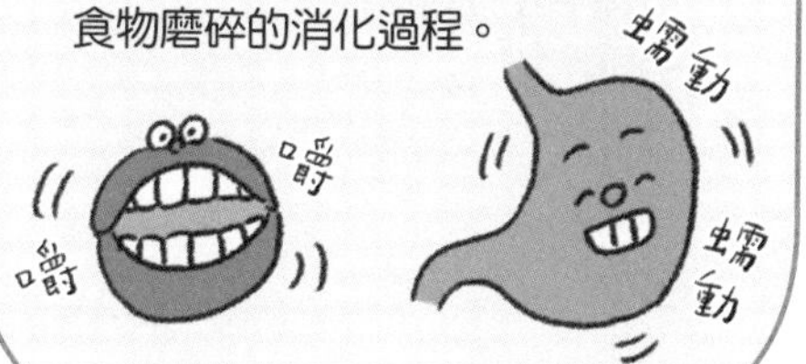
嚼
嚼
蠕動
蠕動

化學性消化

透過消化液（唾液和胃液等）中的酵素作用，將營養素分解成小分子的消化過程。

嘩
消化液
分解了

消化酵素

幫助人體分解營養素的物質。消化酵素有好幾種，每種酵素可分解的營養素也不同。

我負責分解澱粉。
澱粉酶※1
我負責分解蛋白質。
胃蛋白酶※2

※1 唾液中的消化酵素　※2 胃液中的消化酵素

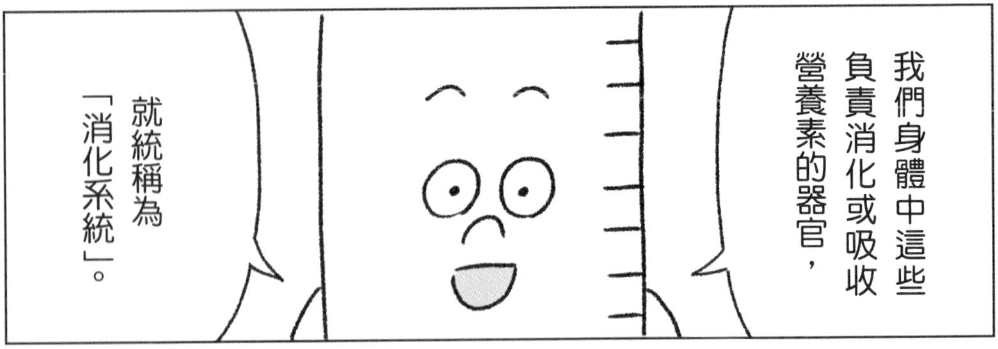
我們身體中這些負責消化或吸收營養素的器官，
就統稱為「消化系統」。

消化系統各器官的名稱及位置

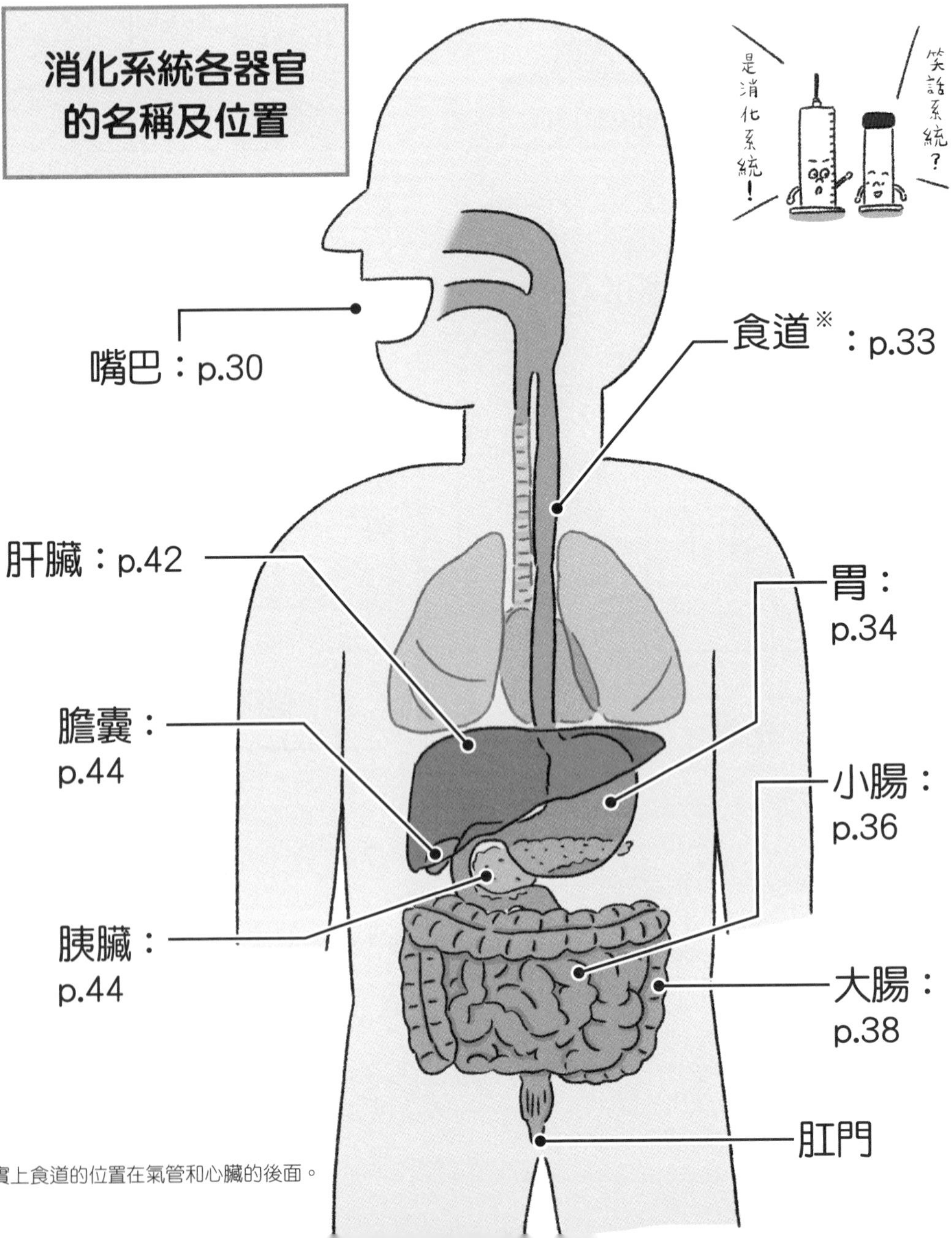
是消化系統！
笑話系統？
嘴巴：p.30
食道※：p.33
肝臟：p.42
胃：p.34
膽囊：p.44
小腸：p.36
胰臟：p.44
大腸：p.38
肛門

※事實上食道的位置在氣管和心臟的後面。

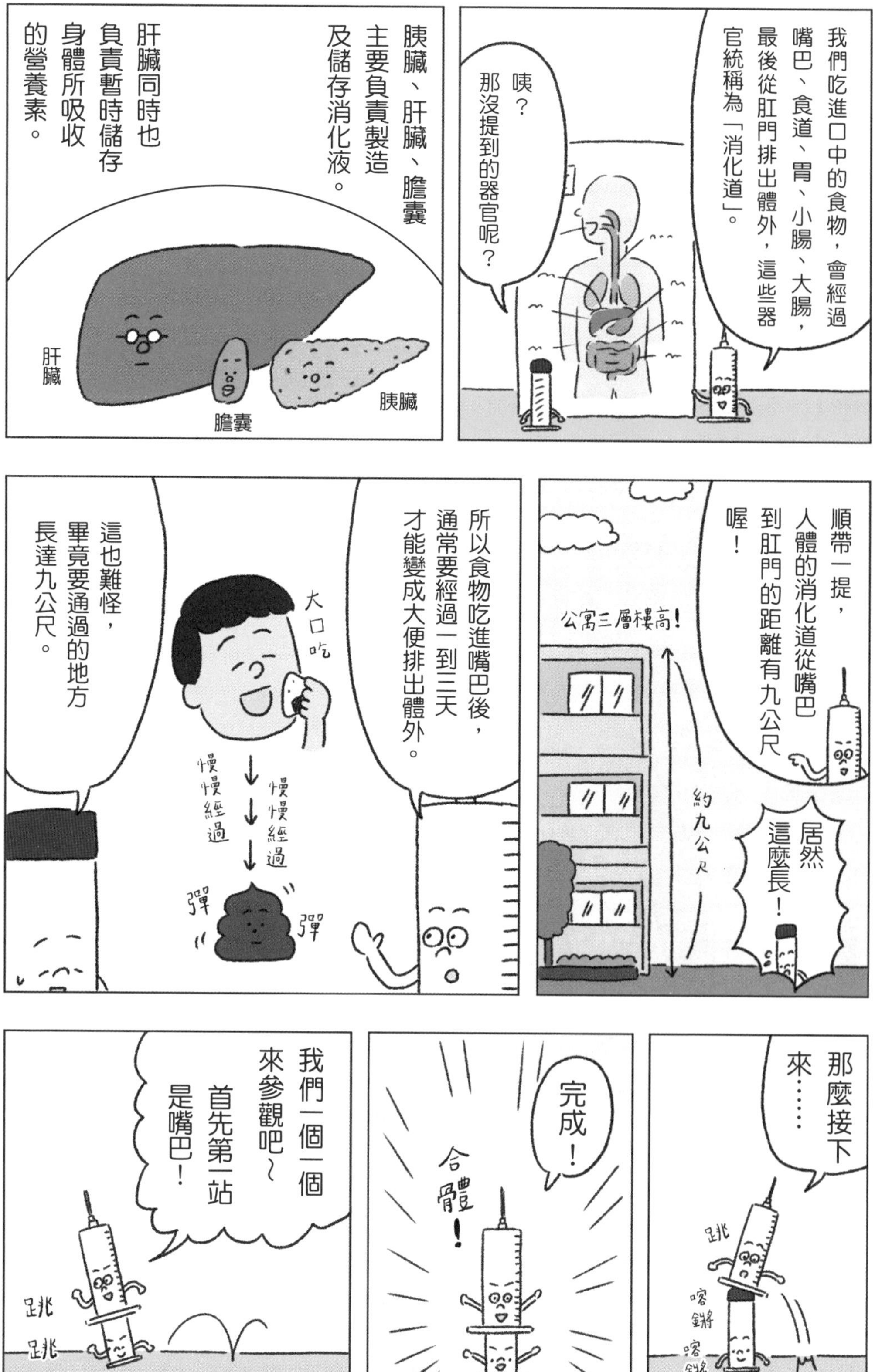
我們吃進口中的食物，會經過嘴巴、食道、胃、小腸、大腸，最後從肛門排出體外，這些器官統稱為「消化道」。
咦？那沒提到的器官呢？
胰臟、肝臟、膽囊主要負責製造及儲存消化液。
肝臟同時也負責暫時儲存身體所吸收的營養素。
肝臟
膽囊
胰臟
順帶一提，人體的消化道從嘴巴到肛門的距離有九公尺喔！
公寓三層樓高！
約九公尺
居然這麼長！
所以食物吃進嘴巴後，通常要經過一到三天才能變成大便排出體外。
大口吃
慢慢經過
慢慢經過
彈
彈
這也難怪，畢竟要通過的地方長達九公尺。
那麼接下來……
跳
喀鏘
喀鏘
完成！
合體！
我們一個一個來參觀吧~
首先第一站是嘴巴！
跳
跳
跳

嘴巴

嘴巴是人體消化食物的第一站。在牙齒、舌頭和唾液（口水）的運作下，食物被磨碎、軟化，變得容易吞嚥；為了咬碎食物，嘴巴周圍的肌肉也非常發達。此外，牙齒、舌頭和嘴唇除了幫助進食之外，說話時也能輔助發音，扮演著很重要的角色。順帶一提，從嘴巴到喉嚨這一段，醫學上的專有名詞稱之為「口腔」※。

※「腔」的意思是體內的中空處。

食物會變成怎樣呢？

被牙齒咬碎，與唾液混合，最後變成粥狀。

牙齒

把食物磨碎。

懸雍垂

俗稱「小舌頭」。有些人的懸雍垂是2個或3個。

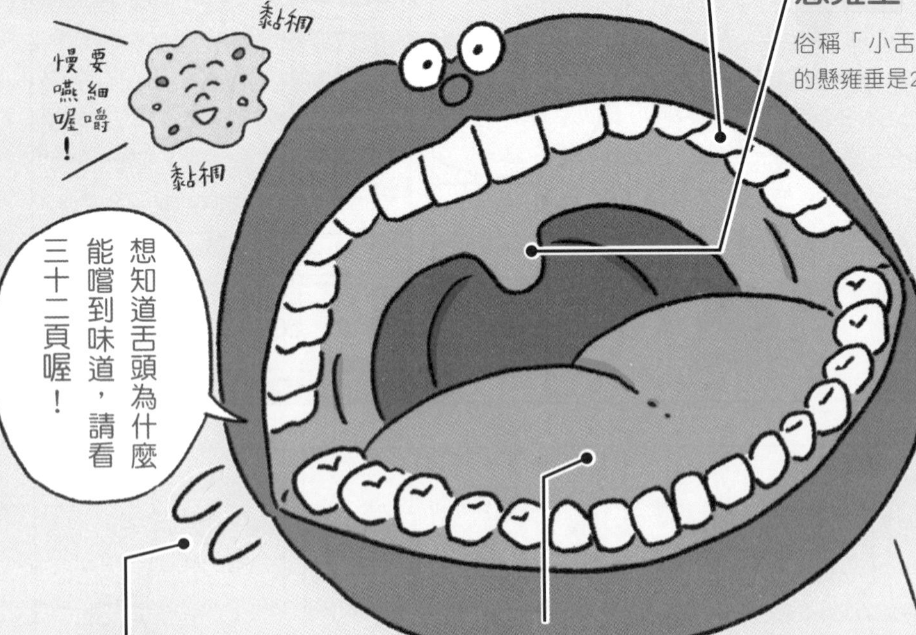
黏稠
黏稠
要細嚼慢嚥喔！
想知道舌頭為什麼能嚐到味道，請看三十二頁喔！

唾液

幫助人體消化食物的消化液。除了使食物更容易吞嚥之外，還能抑制口內細菌繁殖。

舌頭

除了感受味覺之外，說話時還有協助發音的功能。

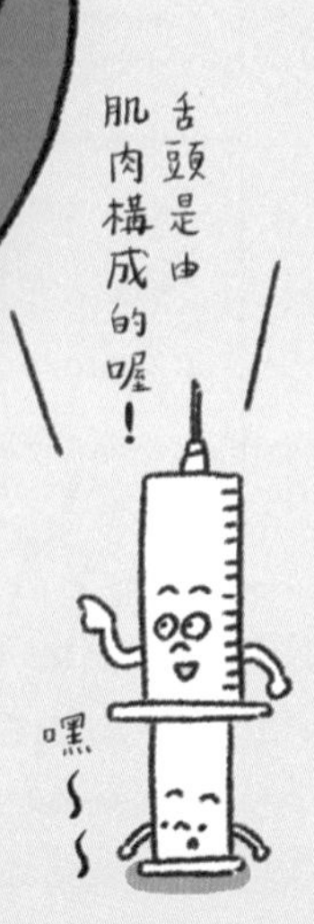
舌頭是由肌肉構成的喔！
嘿～～

更詳細的說明

不同年齡的牙齒數目

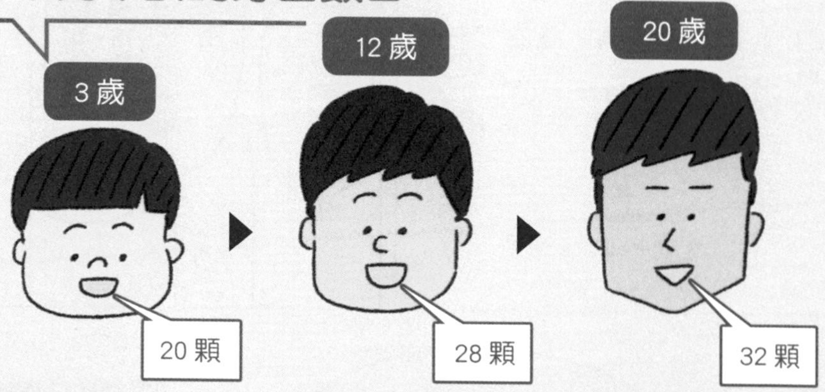
3歲
12歲
20歲
20顆
28顆
32顆

小嬰兒約6個月大時長出第一顆乳牙，到了3歲左右，20顆乳牙會陸續長齊。

換牙大約從6歲開始，一直到12歲左右，乳牙才完全更換為恆齒。

20歲左右長出最裡面的「智齒」後，32顆恆齒全部長齊。

更認識自己

蛀牙形成的原因

牙齒一旦蛀牙就無法恢復原狀！一定要好好刷牙才能預防蛀牙喔！

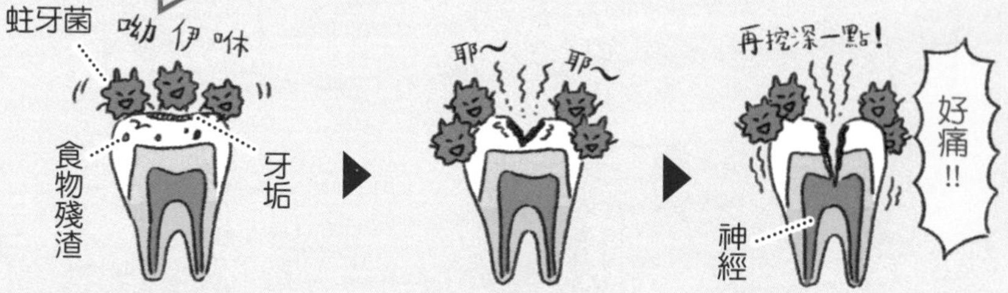
蛀牙菌
呦伊咻
食物殘渣
牙垢
耶～
耶～
再挖深一點！
好痛!!
神經

附著於食物殘渣上的蛀牙菌，在不斷堆積下形成了「牙垢（牙菌斑）」。

牙垢內的蛀牙菌製造出酸性物質，侵蝕牙齒表面，形成蛀洞。

蛀洞越來越深，侵蝕到神經後，就會產生劇烈疼痛。

更有趣的知識

齒型是獨一無二的

牙齒的形狀就像指紋一樣獨一無二，每個人的牙齒都不一樣，因此可用於刑事鑑識或災難鑑識。

具有獨特舌頭的動物

咻～啪！

咻嚕嚕

變色龍的舌頭是自己身體的1.5倍長！捕食時，舌尖上面的黏液能黏住昆蟲。

大食蟻獸的舌頭長達60公分，可將鼻子和舌頭伸入蟻穴中舔食螞蟻。

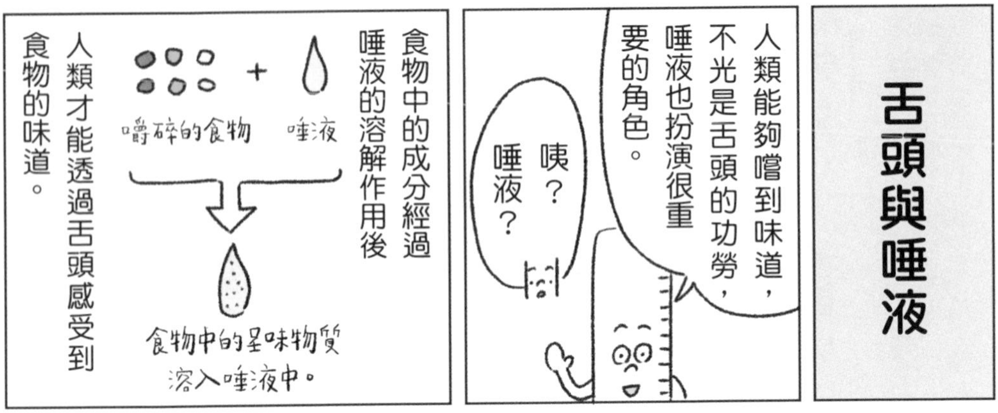
舌頭與唾液
人類能夠嚐到味道，不光是舌頭的功勞，唾液也扮演很重要的角色。
咦？唾液？
食物中的成分經過唾液的溶解作用後
嚼碎的食物
唾液
食物中的呈味物質溶入唾液中。
人類才能透過舌頭感受到食物的味道。

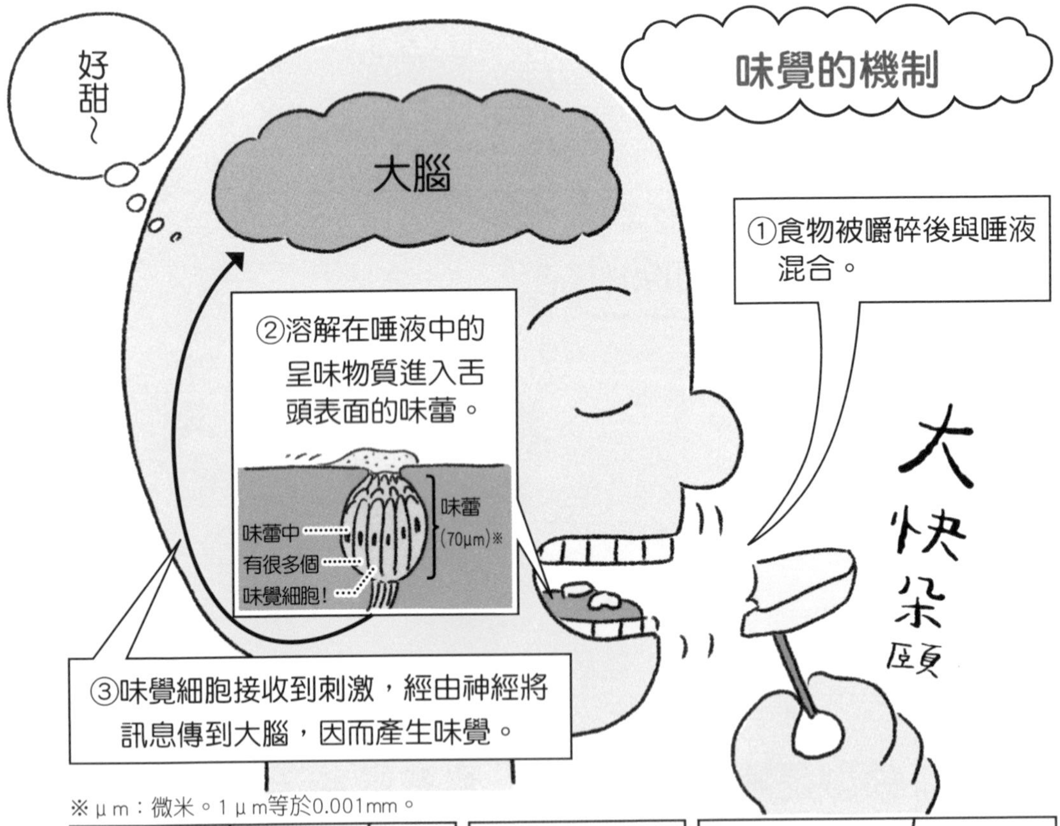
味覺的機制
好甜～
大腦
①食物被嚼碎後與唾液混合。
②溶解在唾液中的呈味物質進入舌頭表面的味蕾。
味蕾
(70μm)※
味蕾中有很多個味覺細胞！
③味覺細胞接收到刺激，經由神經將訊息傳到大腦，因而產生味覺。
大快朵頤

※μm：微米。1μm等於0.001mm。

順帶一提，據說舌頭上約有一萬個味蕾喔。
一……一萬個！
既然如此
登登
鏡子
你在幹嘛？
你鏡子哪來的？
我想數舌頭上有幾個味蕾。
我瞧瞧
這根本不可能

食道

食道是連接喉嚨與胃部的管狀器官，具有將食物運送至胃部的功能。成人的食道長度約二十五到三十公分。人類的食道有三個地方比較狹窄，食物若未充分咀嚼或誤吞異物，很容易卡在這三個狹窄處。

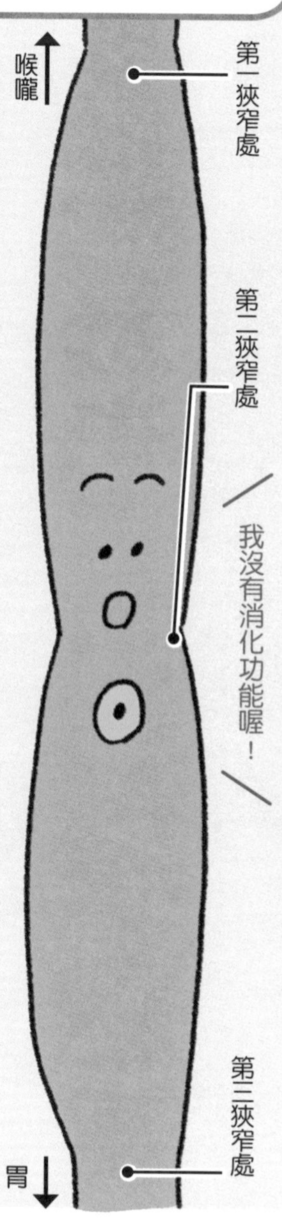

喉嚨
第一狹窄處
第二狹窄處
我沒有消化功能喔！
第三狹窄處
胃

更詳細的說明

食道的結構

食道的剖面為層狀結構，最內側的黏膜能分泌黏液，幫助食物更容易通過。

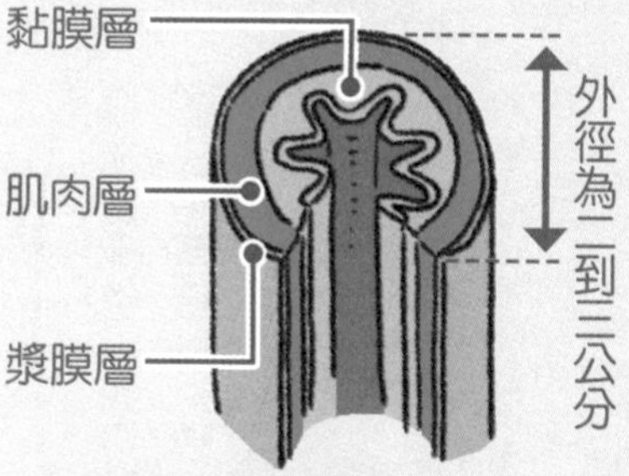

黏膜層
肌肉層
漿膜層
外徑為二到三公分

食道與氣管的關係

我們的喉嚨裡有兩條管道，氣管在前、食道在後；並在喉嚨的調控下，切換吞嚥與呼吸的功能。

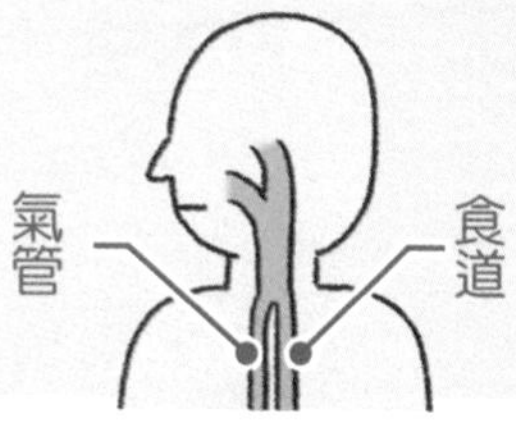

氣管
食道

食物會變成怎樣呢？

食道藉由肌肉收縮※，將食物運送至胃部。

※這個過程稱為「蠕動」

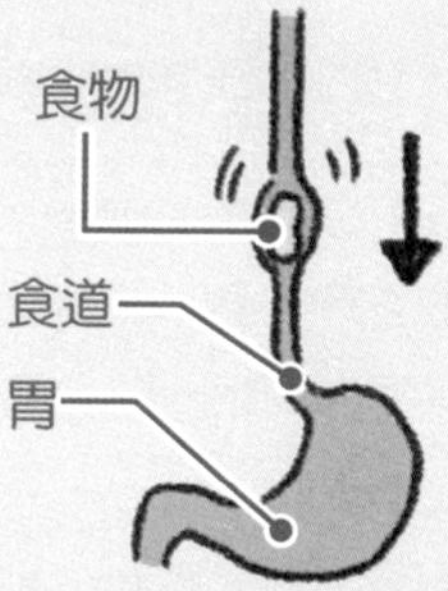

食物
食道
胃

更認識自己

藉由食道的蠕動，無論倒立或躺著吃東西，食物都會往胃部移動。

吃
吃
嚼
嚼
吃
吃
嚼
嚼

這些都是不良示範，請勿模仿！

胃

胃是與食道相連的袋狀器官。胃主要有兩種功能：

・暫時儲存食物。

・利用胃液消化食物並殺死食物裡的細菌。

經過胃的消化後，變成黏稠粥狀的食物，慢慢的被送往小腸。雖然胃是消化器官，但沒有吸收營養的功能。

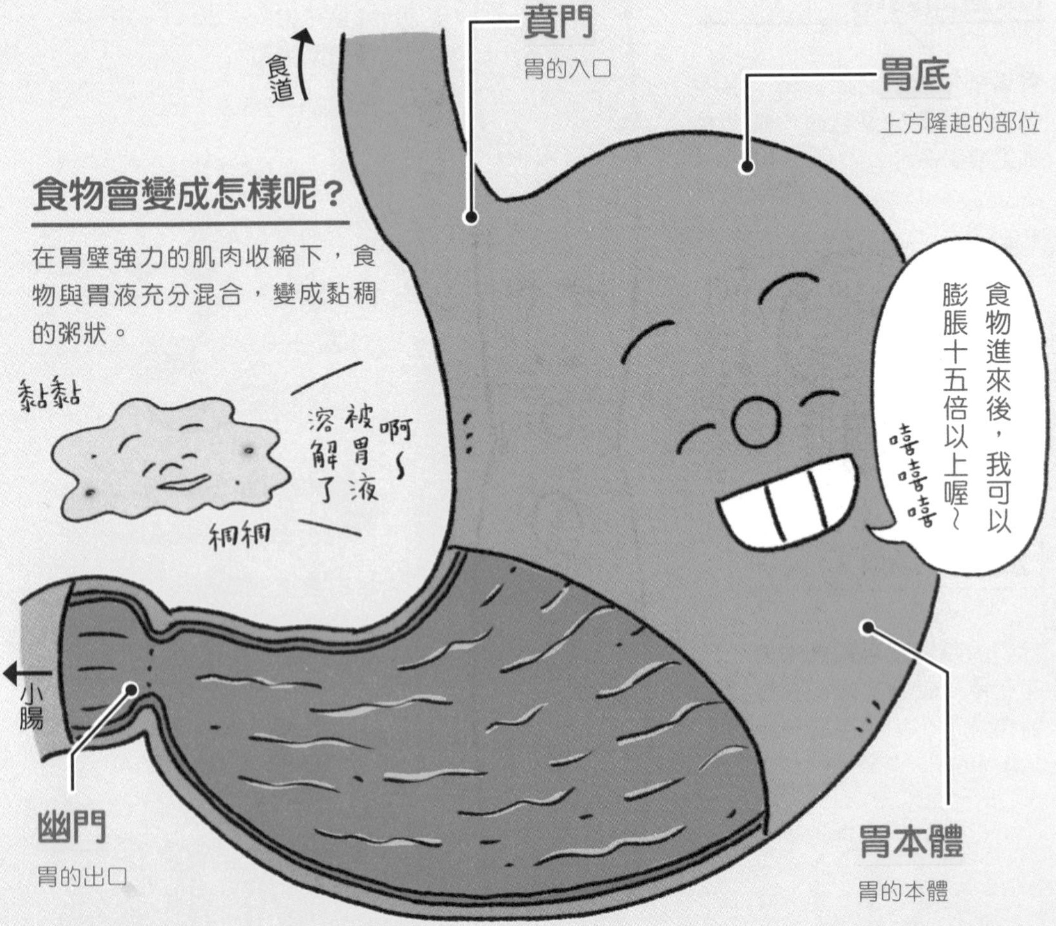

食道
賁門
胃的入口
胃底
上方隆起的部位
食物進來後，我可以膨脹十五倍以上喔～
嘻嘻嘻
黏黏
啊～被胃液溶解了
稠稠
小腸
幽門
胃的出口
胃本體
胃的本體

食物會變成怎樣呢？

在胃壁強力的肌肉收縮下，食物與胃液充分混合，變成黏稠的粥狀。

更詳細的說明

胃液是什麼？

胃黏膜分泌的消化液，具有強酸性。胃液在消化食物的同時也具有殺菌作用，因此胃裡的食物不會腐壞。

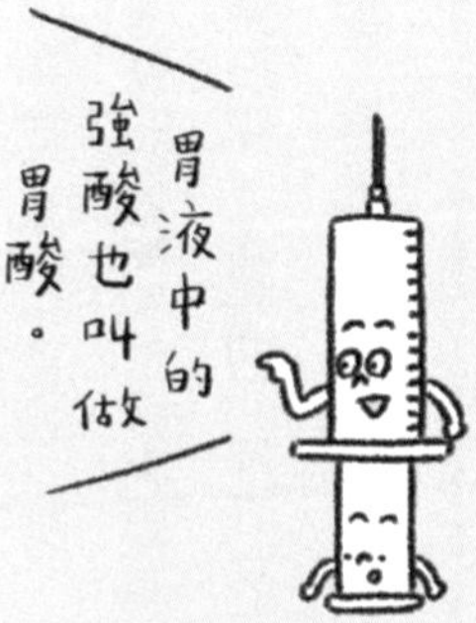
胃液中的強酸也叫做胃酸。

胃壁的結構

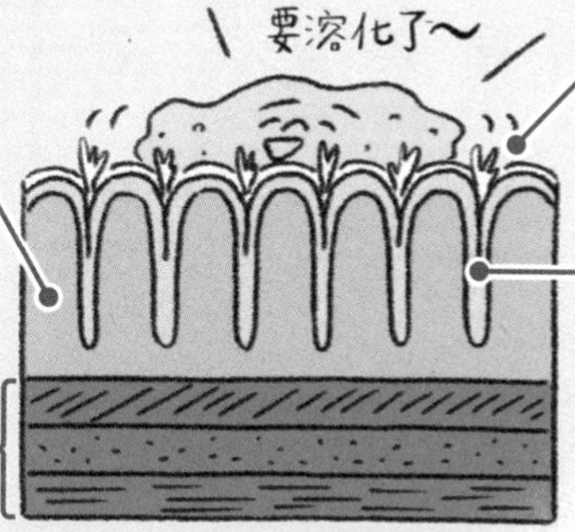
要溶化了～

黏膜
可分泌出胃液和黏液。

胃液
內含消化酵素和胃酸。

黏液
保護胃壁不受胃酸侵蝕。

肌肉層

胃由3層肌肉構成，這3層肌肉各自以縱向、橫向、斜向收縮，胃部透過這種複雜的蠕動以充分攪拌胃中的食物。

外側
↓
內側

縱走肌（縱向收縮）
環走肌（橫向收縮）
斜走肌（斜向收縮）

更認識自己

肚子為什麼會叫？

空腹時，胃為了排空，胃壁的收縮會暫時性增強；而收縮的過程中，腸胃內的空氣不斷擠壓腸胃道管壁，所以發出聲響。

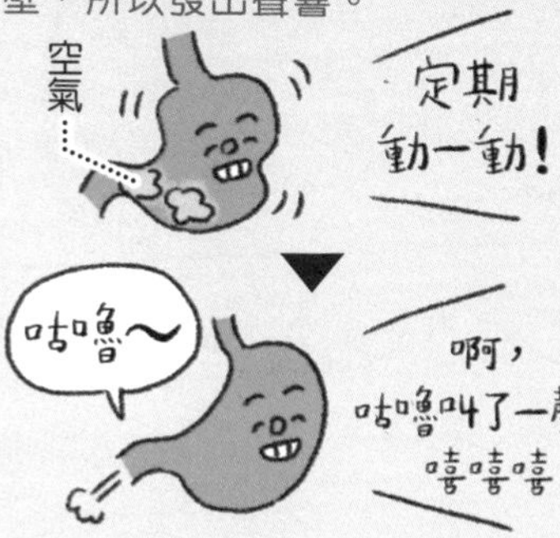
空氣
定期動一動！
咕嚕～
啊，咕嚕叫了一聲。嘻嘻嘻

胃穿孔

感染幽門螺旋桿菌或是壓力過大時，胃黏液的分泌會變少，少了黏液保護，胃壁便可能被胃酸侵蝕，產生胃潰瘍。這時候胃的黏膜受損，看起來像破洞，但是事實上胃穿孔很少發生。

胃潰瘍的原因

幽門螺旋桿菌　抽菸　喝酒　壓力

小腸

小腸緊接在胃之後，是所有消化道中，消化、吸收作用最旺盛的地方。小腸全長約六公尺，以繞行的方式，在腹腔內盤踞成一團。小腸由十二指腸、空腸、迴腸等三個部分組成，其中空腸和迴腸占了絕大部分。

小腸除了消化食物之外，同時也具有吸收營養的功能。小腸內壁有許多皺褶及細小突起物，這些凹凹凸凸的部分使表面積增加，進而提高吸收營養的效率。

食物會變成怎樣呢？

小腸將食物進一步消化後，吸收其中的養分及水分。

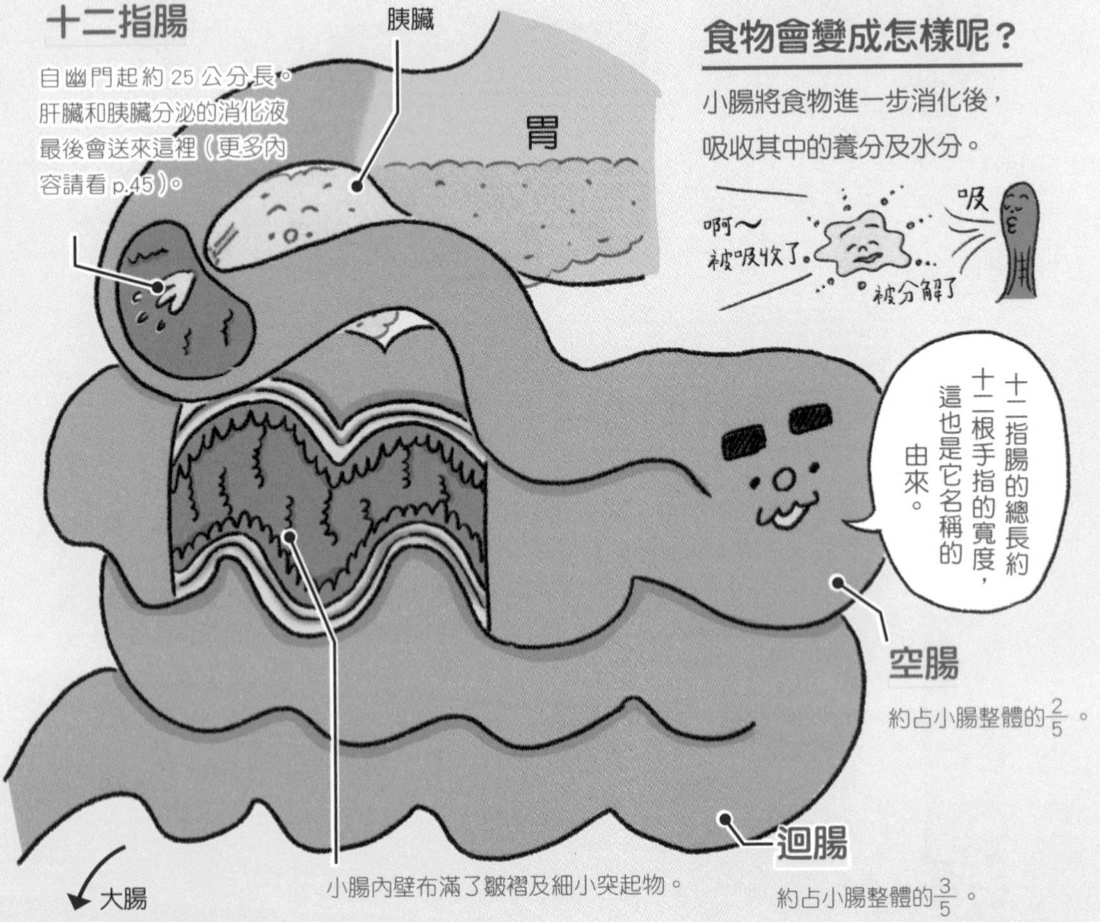

十二指腸
自幽門起約 25 公分長。肝臟和胰臟分泌的消化液最後會送來這裡（更多內容請看 p.45）。
胰臟
胃
啊～被吸收了。
被分解了
吸
十二指腸的總長約十二根手指的寬度，這也是它名稱的由來。
空腸
約占小腸整體的$\frac{2}{5}$。
迴腸
約占小腸整體的$\frac{3}{5}$。
小腸內壁布滿了皺褶及細小突起物。
大腸

更詳細的說明

小腸的剖面與結構

小腸內壁有許多皺褶，皺褶表面長滿了名為「絨毛」的細小突起。這些皺褶與表面的絨毛具有增加表面積的效果，表面積越大、營養的吸收效率就越高。

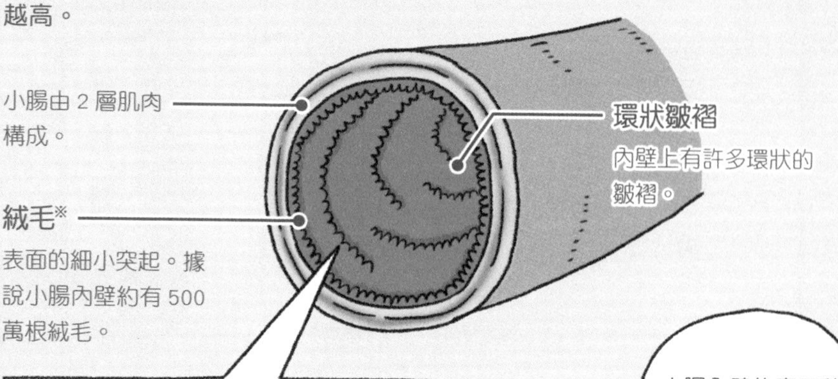
小腸由 2 層肌肉構成。
環狀皺褶
內壁上有許多環狀的皺褶。
絨毛※
表面的細小突起。據說小腸內壁約有 500 萬根絨毛。

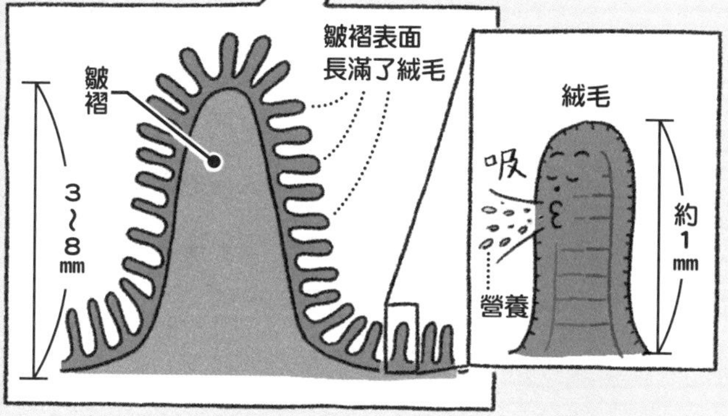
皺褶
皺褶表面長滿了絨毛
3～8 mm
絨毛
吸
營養
約 1 mm

小腸內壁的表面積約有一面網球場那麼大。

※絨毛會吸收已分解成小分子的營養素。

更有趣的知識

小腸是消化道的「黑暗大陸」

小腸不但細長而且彎彎曲曲，在以前腸道檢查技術尚未成熟時，醫生很難檢查小腸內部，因此被稱為消化道的黑暗大陸。但自從膠囊內視鏡和氣囊式小腸鏡問世後，醫生終於可以對小腸進行全面檢查，黑暗大陸的稱號已成過去式。

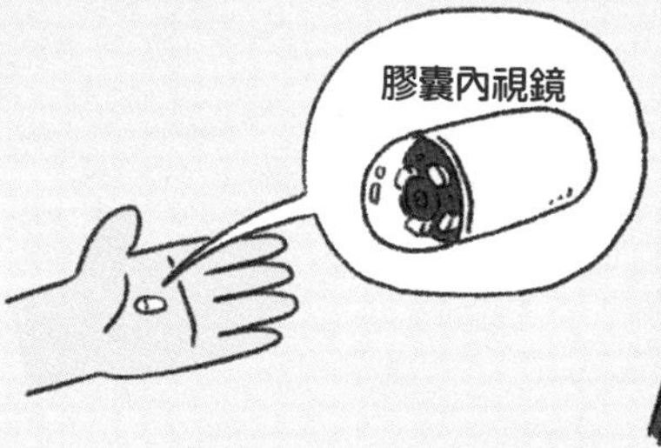
膠囊內視鏡

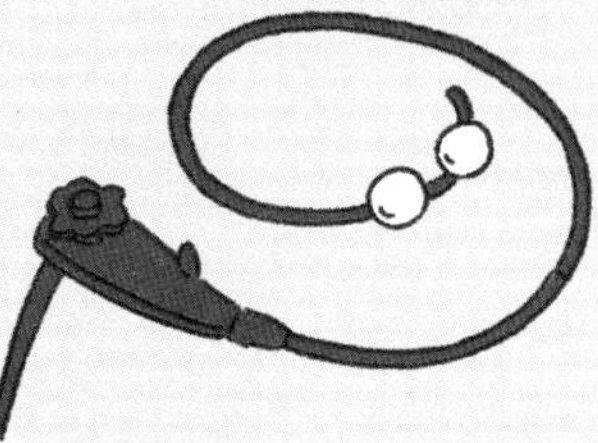
氣囊式小腸鏡

大腸

大腸接續於小腸之後，是消化道的最末端。大腸最主要的功能是吸收水分並製造糞便。大腸是由盲腸、結腸、直腸等三個部分組成，全長約一點五公尺，比小腸略粗。食物中大部分的營養都在小腸被消化吸收，從小腸進入大腸後，糊狀的食物殘渣再次被吸收水分，最後形成糞便，從肛門排出體外。

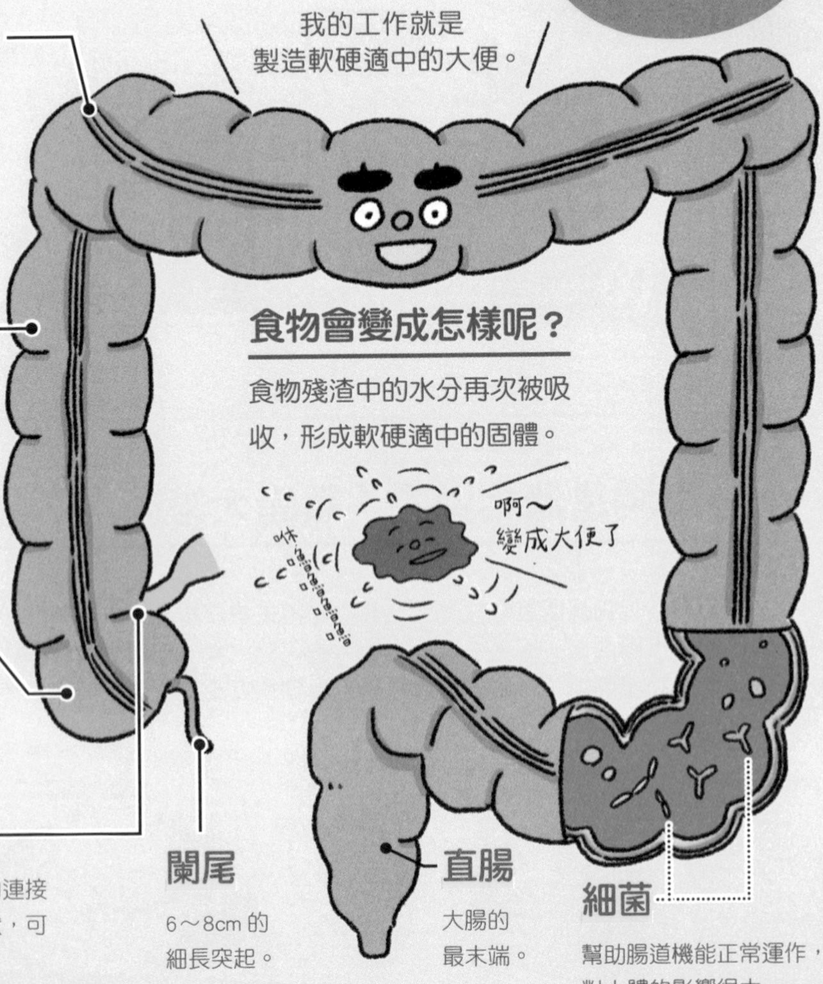

我的工作就是
製造軟硬適中的大便。
啊～
變成大便了

食物會變成怎樣呢？

食物殘渣中的水分再次被吸收，形成軟硬適中的固體。

結腸帶

盲腸與結腸壁上的 3 條帶狀結構。

結腸

盲腸和直腸以外的部分。

盲腸

大腸的前端。

迴盲瓣

迴腸與盲腸的連接處，呈瓣膜狀，可防止逆流。

闌尾

6～8cm 的細長突起。

直腸

大腸的最末端。

細菌

幫助腸道機能正常運作，對人體的影響很大。

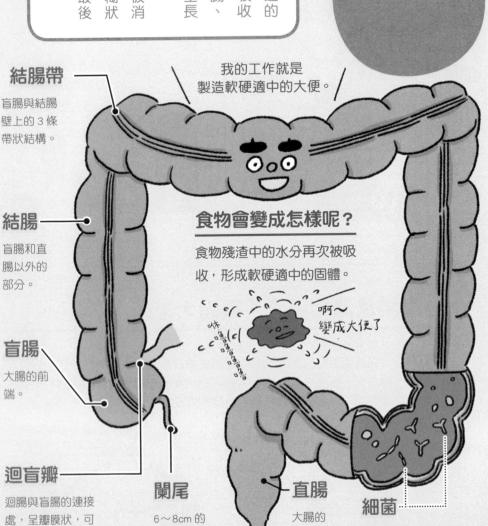

更認識自己

「盲腸」不是疾病名稱

我們常常會聽到有人說「我動了盲腸手術」，
但「盲腸」其實是指大腸前端的部分。
盲腸末端突出的細長管腔稱為「闌尾」，
一般常說的「盲腸炎」其實指的是闌尾發炎（闌尾炎）。

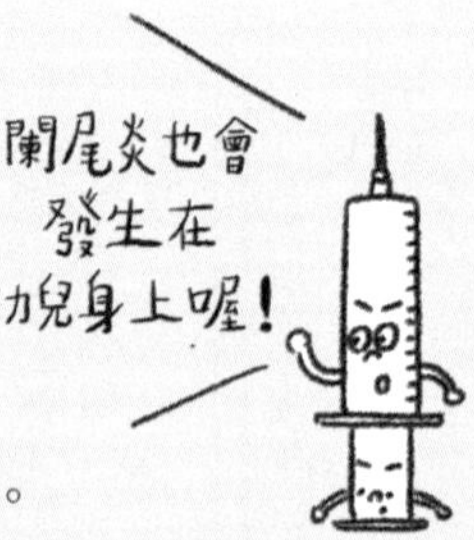
闌尾炎也會
發生在
幼兒身上喔！

排便的機制

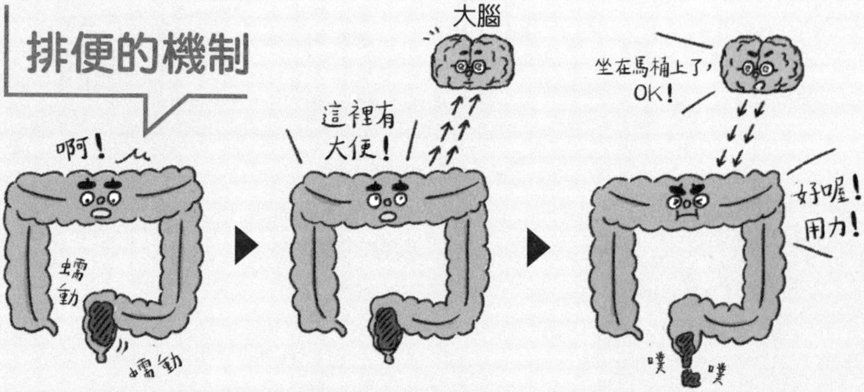
啊！
蠕動
蠕動
這裡有大便！
大腦
坐在馬桶上了，OK！
好喔！用力！
噗
噗

糞便進入直腸後，會刺激腸壁的神經。

受刺激的神經將訊息傳達至大腦，讓人產生便意。

大腦判斷可以排便後，下達指令放鬆肛門肌肉，進行排便。

更詳細的說明

大便問答

大便的成分？

・無法消化的食物殘渣（膳食纖維等）。
・腸道細菌
・剝落下來的腸道細胞
・水分

大便為什麼是黃褐色？

肝臟分泌的消化液「膽汁」中含有黃褐色的膽紅素。

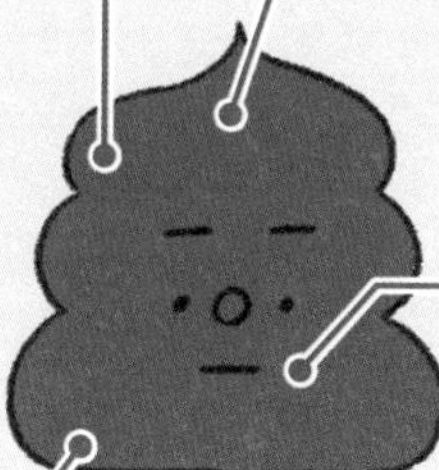

為什麼會腹瀉？

因細菌感染或暴飲暴食等原因，導致大腸吸收水分的能力下降，大便在飽含水分的狀態下排出，即為「腹瀉（拉肚子）」。

大便為什麼很臭？

臭味來自於腸道細菌分解食物殘渣所產生的物質※。

※糞臭素和吲哚

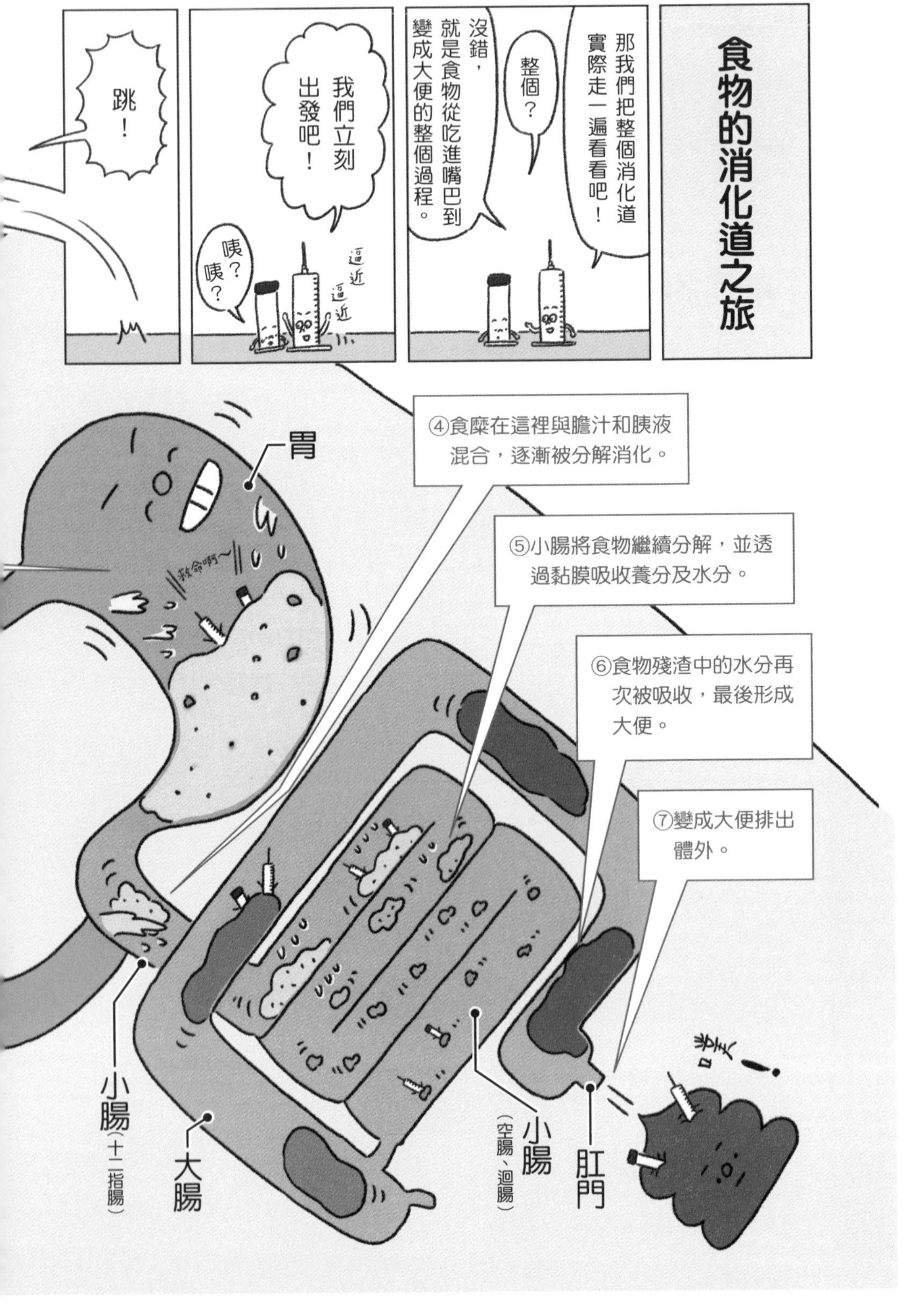

食物的消化道之旅
那我們把整個消化道實際走一遍看看吧！
整個？
沒錯，就是食物從吃進嘴巴到變成大便的整個過程。
我們立刻出發吧！
逼近
逼近
咦？咦？
跳！
胃
救命啊～
④食糜在這裡與膽汁和胰液混合，逐漸被分解消化。
⑤小腸將食物繼續分解，並透過黏膜吸收養分及水分。
⑥食物殘渣中的水分再次被吸收，最後形成大便。
⑦變成大便排出體外。
小腸（十二指腸）
大腸
小腸（空腸、迴腸）
肛門
噗！

食物是怎麼變成大便的！流程總整理※

※為了讓大家更好理解，器官的位置及形狀有調整過。

①食物在嘴巴中與唾液混合，被牙齒咬碎，變成粥狀的食團。

②食道藉由蠕動，將食團不斷往下運送至胃部。

③食團與胃液混合後，變成黏稠的粥狀，慢慢的被送往十二指腸。

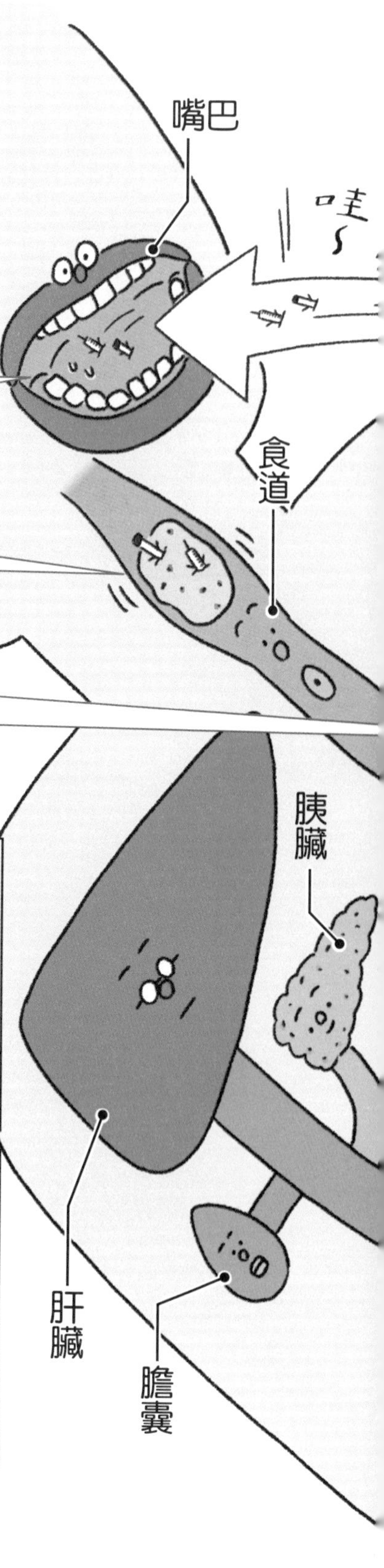

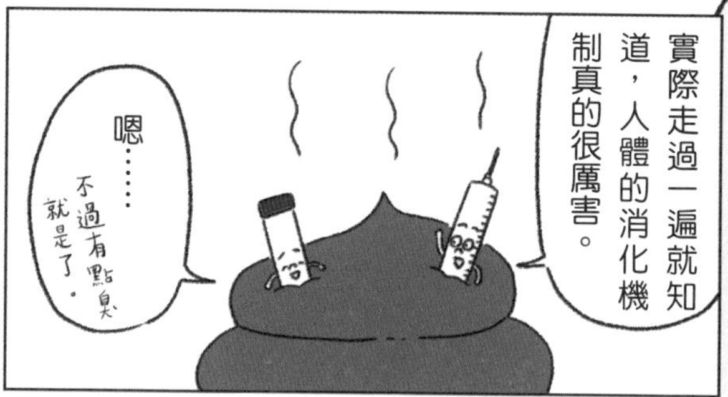

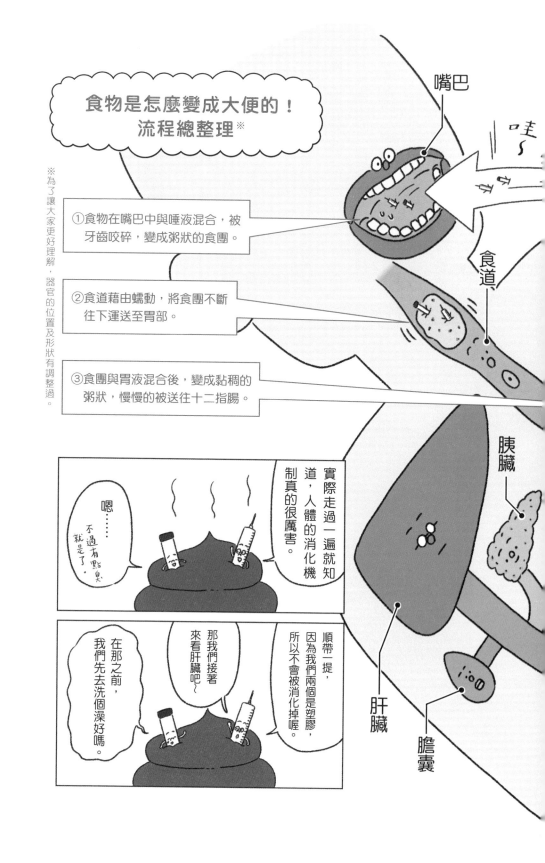

肝臟

肝臟位於胃的右上方，成人的可重達一點二公斤，是內臟裡體積最大的器官。

食物在消化過程中雖然不會經過肝臟，但肝臟具有分泌消化液、儲存營養等功能，在消化系統中扮演非常重要的角色。

肝臟除了消化功能之外，同時也負責分解酒精、毒物、藥物等，功能高達五百種以上。

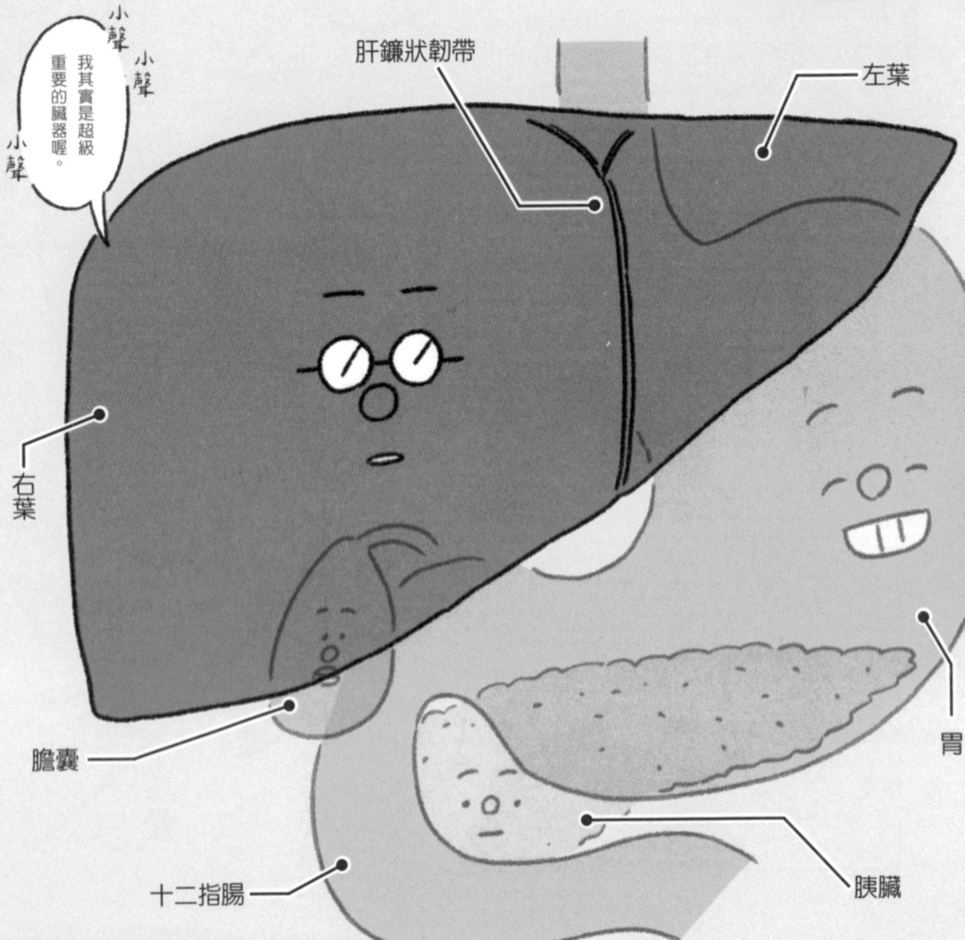

小聲
小聲
小聲
我其實是超級重要的臟器喔。
肝鐮狀韌帶
左葉
右葉
胃
膽囊
胰臟
十二指腸

更詳細的說明

肝臟的主要功能

製造名為「膽汁」的消化液。

暫時儲存養分。

將營養轉換成人體可利用的形式，並釋放到血液中。

分解酒精。

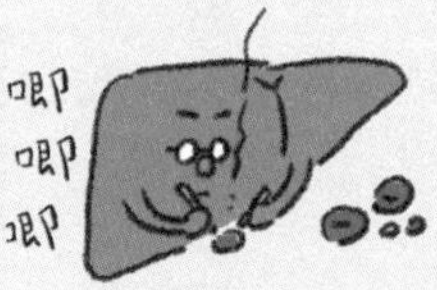

分解老舊的紅血球。

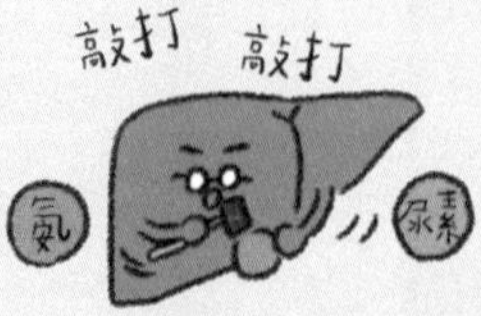

將人體產生的氨轉換成無毒的尿素。

如果肝臟來不及分解酒精

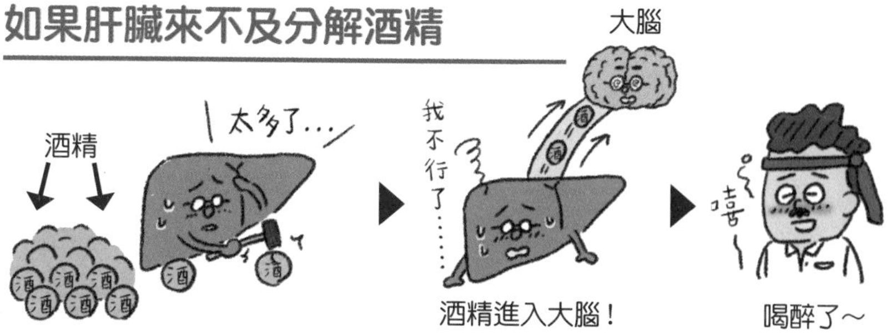

更有趣的知識

肝臟的高度再生能力

肝臟具有其他器官沒有的高度再生能力，即使在手術中切除75%的肝臟，只要剩餘的肝臟是健康狀態，幾週後就能長回原來的大小。

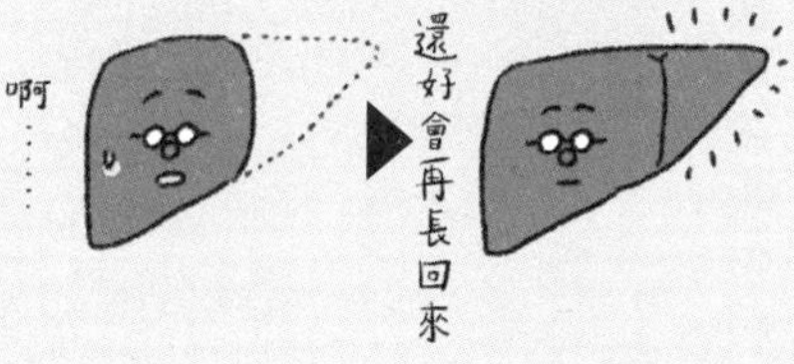

肝臟是安靜的器官

肝臟不像心臟和胃那樣充滿活力的動著，總是默默工作。

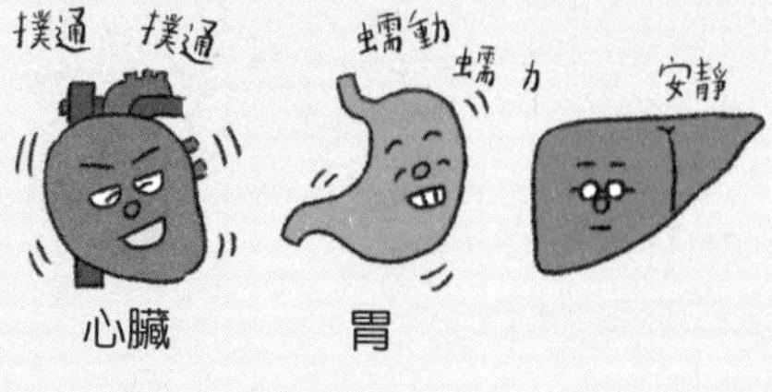

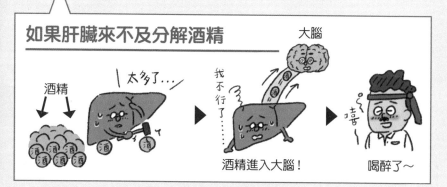

膽囊、胰臟

食物雖然不會經過膽囊和胰臟，但它們負責將消化液排放到十二指腸中，在消化系統中扮演很重要的角色。

膽囊是長約八公分，形狀類似西洋梨的袋狀器官，負責儲存及濃縮肝臟所分泌的「膽汁」。

胰臟為長約十五公分的黃色器官，會分泌一種名為「胰液」的消化液。

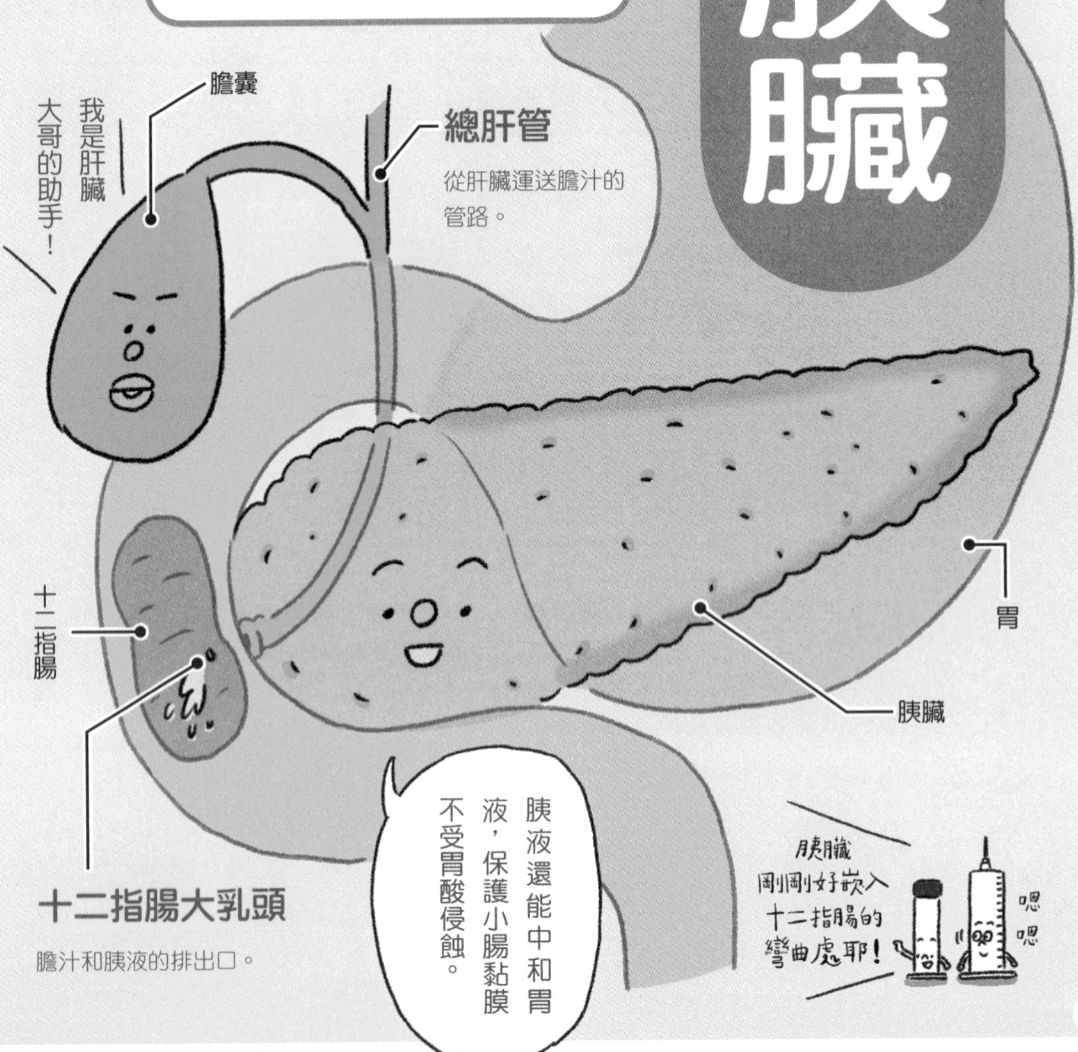

膽囊
我是肝臟大哥的助手！
總肝管
從肝臟運送膽汁的管路。
十二指腸
十二指腸大乳頭
膽汁和胰液的排出口。
胃
胰臟
胰液還能中和胃液，保護小腸黏膜不受胃酸侵蝕。
胰臟剛剛好嵌入十二指腸的彎曲處耶！
嗯嗯

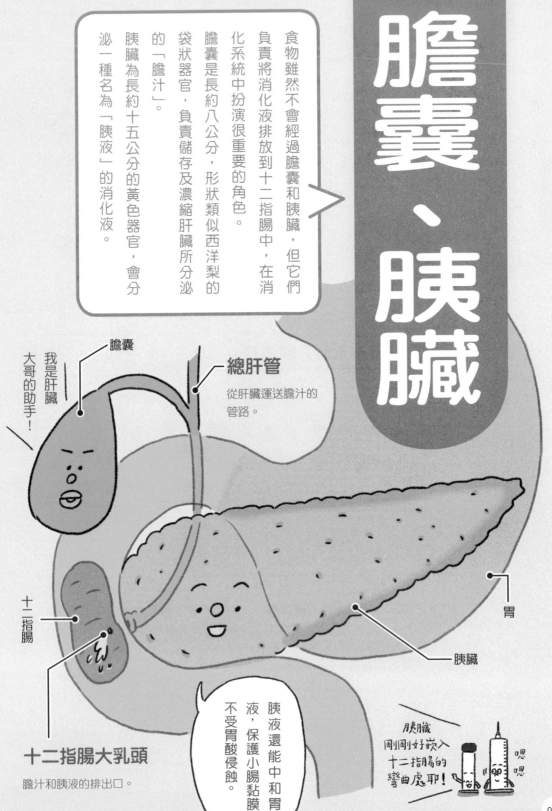

更詳細的說明

膽汁

肝臟製造後，濃縮並儲存於膽囊的消化液。膽汁不含消化酵素，但可將營養素之一的「脂肪」分解成細小粒子※1

胰液

胰臟分泌的消化液。胰液中含有多種消化酵素，能將三大營養素（碳水化合物、蛋白質、脂肪）完全分解。

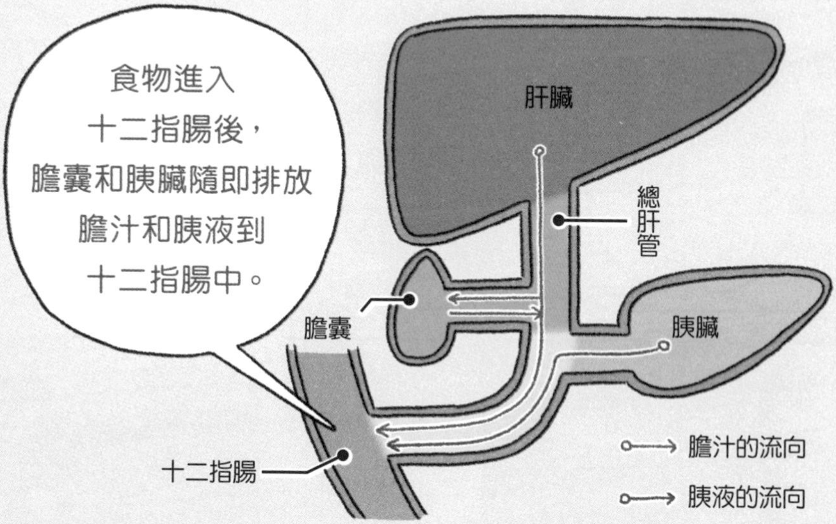
食物進入
十二指腸後，
膽囊和胰臟隨即排放
膽汁和胰液到
十二指腸中。
肝臟
總肝管
膽囊
胰臟
十二指腸
膽汁的流向
胰液的流向

※1 這個過程稱為「乳化」。

更有趣的知識

胰臟不是五臟六腑

中醫稱主要的內臟為「五臟六腑」，然而胰臟卻沒有包含在五臟六腑之內。這可能是因為胰臟位於腹腔深處，位置非常隱密，很晚才被發現的緣故。

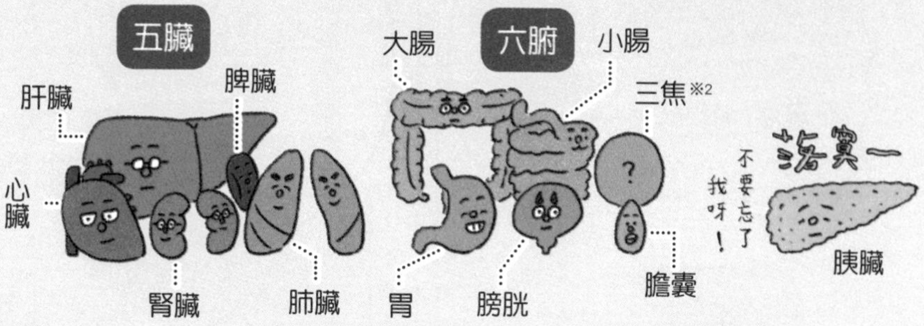
五臟
肝臟
脾臟
心臟
腎臟
肺臟
六腑
大腸
小腸
三焦※2
胃
膀胱
膽囊
落寞～
不要忘了我呀！
胰臟

※2 三焦是中醫上的特殊說法，在西醫上沒有特定對應的器官。三焦指的是身體分成上、中、下三個區域，分別指的是橫膈膜以上、橫膈膜到肚臍之間、以及肚臍以下的身體部位。

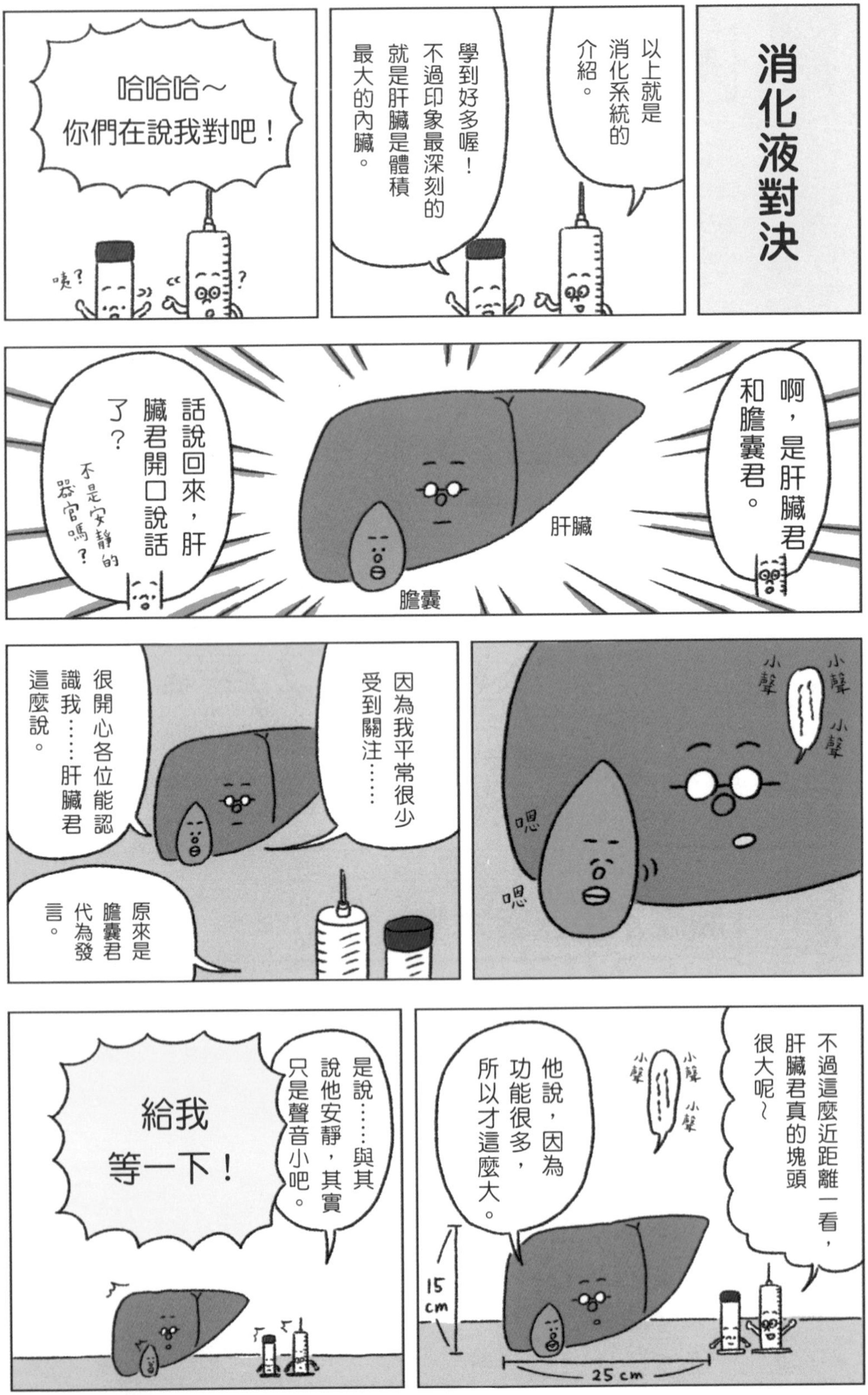
消化液對決
以上就是消化系統的介紹。
學到好多喔！不過印象最深刻的就是肝臟是體積最大的內臟。
哈哈哈～你們在說我對吧！
咦？
啊，是肝臟君和膽囊君。
肝臟
膽囊
話說回來，肝臟君開口說話了？
不是安靜的器官嗎？
小聲 小聲
嗯
嗯
因為我平常很少受到關注……
很開心各位能認識我……肝臟君這麼說。
原來是膽囊君代為發言。
不過這麼近距離一看，肝臟君真的塊頭很大呢～
小聲 小聲
他說，因為功能很多，所以才這麼大。
15 cm
25 cm
是說……與其說他安靜，其實只是聲音小吧。
給我等一下！

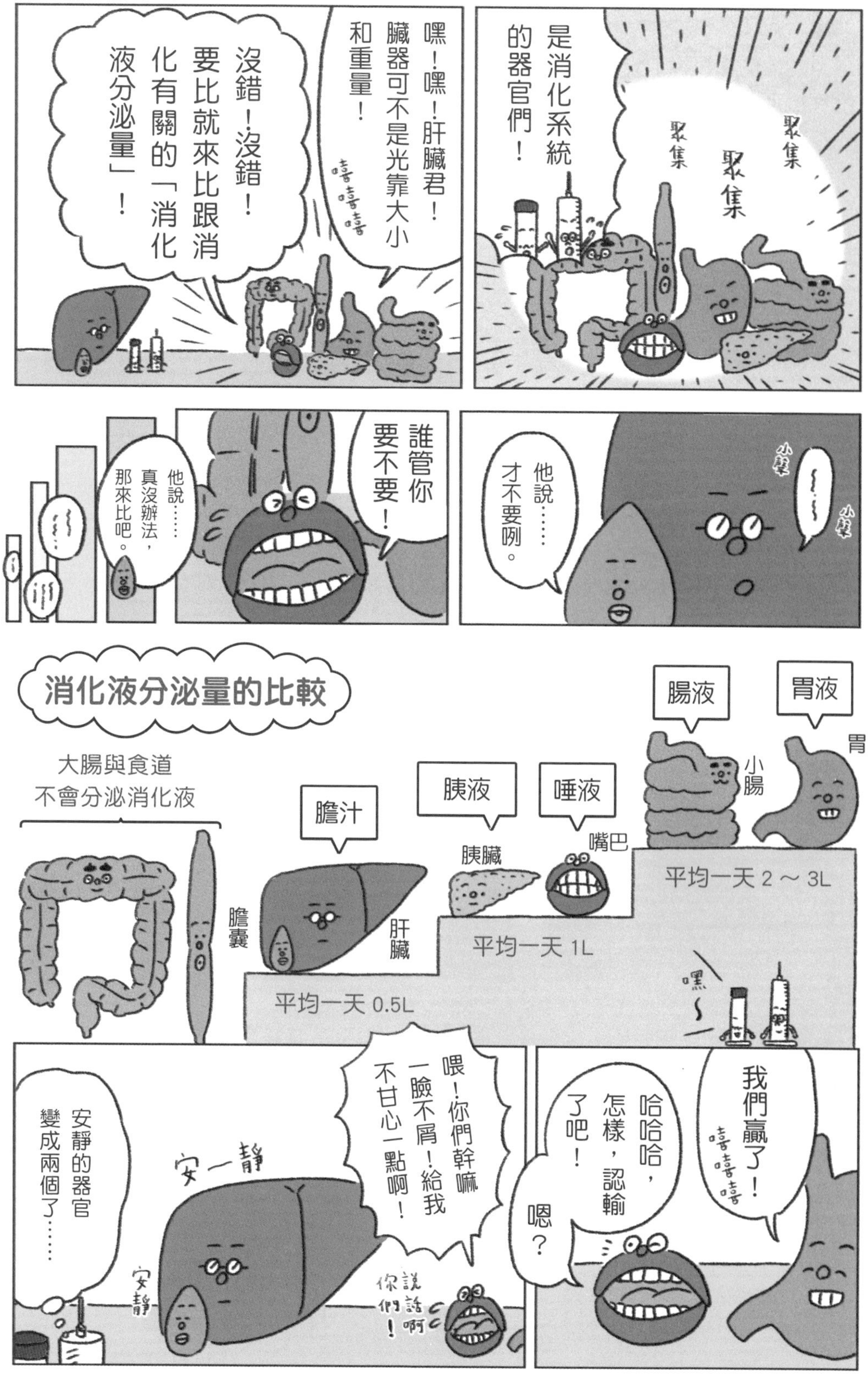
是消化系統的器官們！
聚集
聚集
聚集
嘿！嘿！肝臟君！臟器可不是光靠大小和重量！
嘻嘻嘻
沒錯！沒錯！要比就來比跟消化有關的「消化液分泌量」！
他說……才不要咧。
小聲
小聲
誰管你要不要！
他說……真沒辦法，那來比吧。
消化液分泌量的比較
胃液
腸液
胃
小腸
唾液
嘴巴
胰液
胰臟
膽汁
膽囊
肝臟
大腸與食道
不會分泌消化液
平均一天 2～3L
平均一天 1L
平均一天 0.5L
嘿～
我們贏了！
嘻嘻嘻
哈哈哈，怎樣，認輸了吧！
嗯？
喂！你們幹嘛一臉不屑！給我不甘心一點啊！
安—靜
安靜
你們說話啊！
安靜的器官變成兩個了……

針筒兄弟的原來如此專欄

癌症是什麼疾病？

癌症是一種人體內的異常細胞（癌細胞）不正常增生的疾病，大多數癌症是不健康的生活型態造成，屬於文明病（請參考第78頁）的一種。根據統計，目前臺灣平均每年的癌症發生率是0.3%。年齡層越高，罹患癌症的人越多。

細胞是構成生物體的基本單位，生物可透過細胞分裂來完成生長及發育的目的。然而，如果細胞不正常增生，這些快速分裂的異常細胞就會形成腫瘤，破壞周圍正常組織，逐漸蔓延至身體其他部位。這種異常細胞稱為癌細胞，會爭奪其他正常細胞所需的養分，導致身體漸漸衰弱。

所有癌症的起因，都是正常細胞的DNA受損所造成的。DNA是基因的載體，也是生命體的藍圖。人類的頭髮和眼睛的顏色等外貌特徵就是由DNA決定的。細胞可透過分裂增加數量，而細胞在分裂前，會進行DNA的複製，在非常罕見的情況下，DNA在複製過程中出錯，導致正常細胞癌化成為癌細胞。除此之外，紫外線、游離輻射、不規律的生活習慣或感染人類乳突病毒（HPV）等，也會造成DNA受損而引發癌症。

目前常見的癌症治療方法有這些，並且會根據患者的病況，搭配數種方式進行治療。

▶利用外科手術切除遭癌細胞侵襲的組織。

▶化學治療：注射或口服化學藥物，以殺死或抑制癌細胞生長。

▶放射線治療：以放射線照射癌症患部，破壞癌細胞，抑制癌細胞生長。

▶造血幹細胞移植，像是骨髓移植等。

癌症高居臺灣死因之首，確實是可怕的疾病，但只要早期發現、早期治療，就越有治癒的機會。醫院也設有治療癌症的專科。透過定期檢查早期發現病灶，是對抗癌症的重要關鍵。

癌症篩檢可以
早期發現病灶，
定期檢查是很重要的！

第三章

呼吸系統

鼻子／喉嚨（咽、喉）
氣管、支氣管／肺

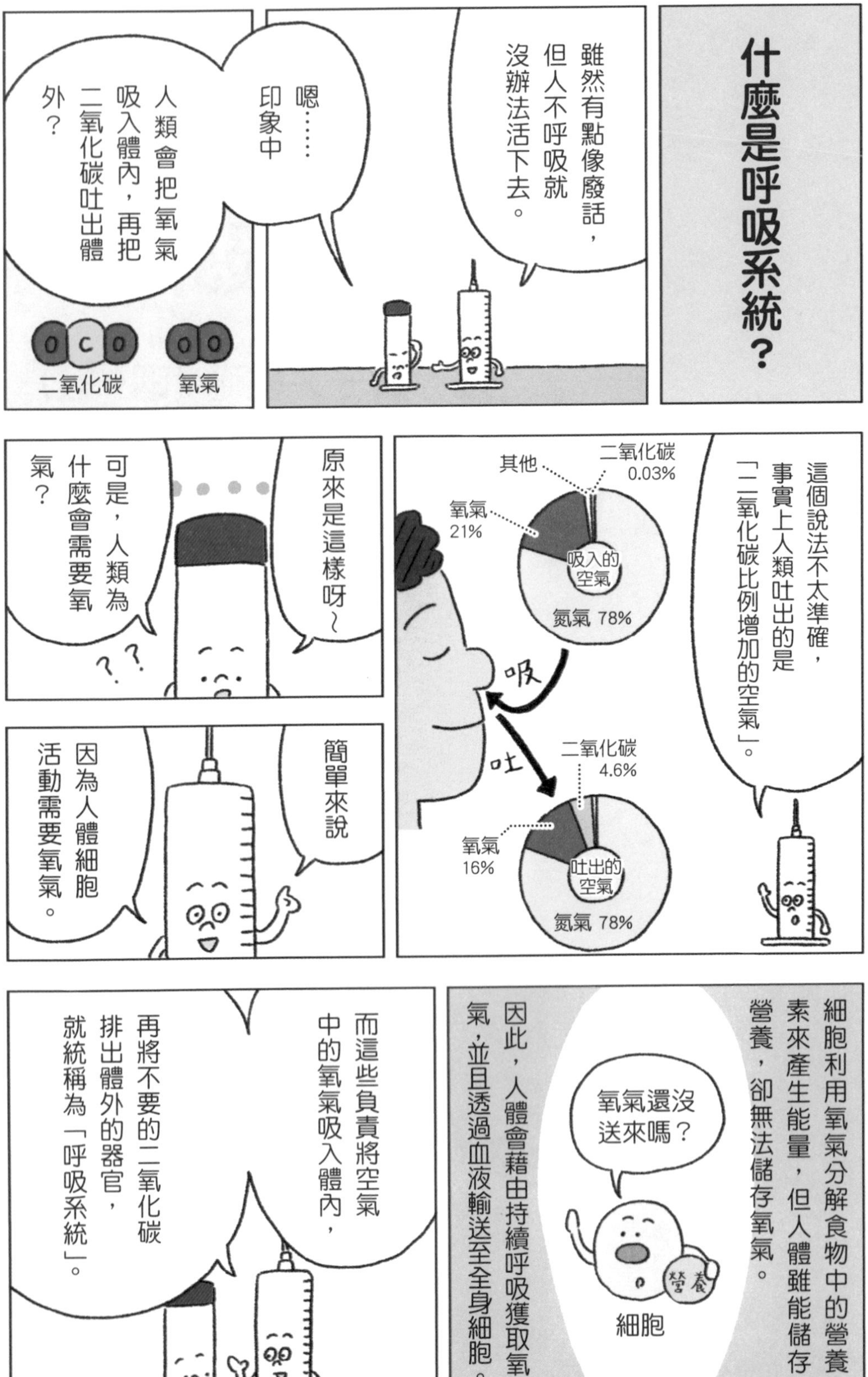
什麼是呼吸系統？
雖然有點像廢話，但人不呼吸就沒辦法活下去。
嗯……印象中
人類會把氧氣吸入體內，再把二氧化碳吐出體外？
O C O
O O
二氧化碳
氧氣
這個說法不太準確，事實上人類吐出的是「二氧化碳比例增加的空氣」。
其他
二氧化碳 0.03%
氧氣 21%
吸入的空氣
氮氣 78%
吸
吐
二氧化碳 4.6%
氧氣 16%
吐出的空氣
氮氣 78%
原來是這樣呀~
可是，人類為什麼會需要氧氣？
？？
簡單來說
因為人體細胞活動需要氧氣。
細胞利用氧氣分解食物中的營養素來產生能量，但人體雖能儲存營養，卻無法儲存氧氣。
氧氣還沒送來嗎？
營養
細胞
因此，人體會藉由持續呼吸獲取氧氣，並且透過血液輸送至全身細胞。
而這些負責將空氣中的氧氣吸入體內，
再將不要的二氧化碳排出體外的器官，就統稱為「呼吸系統」。

呼吸系統各器官的名稱及位置

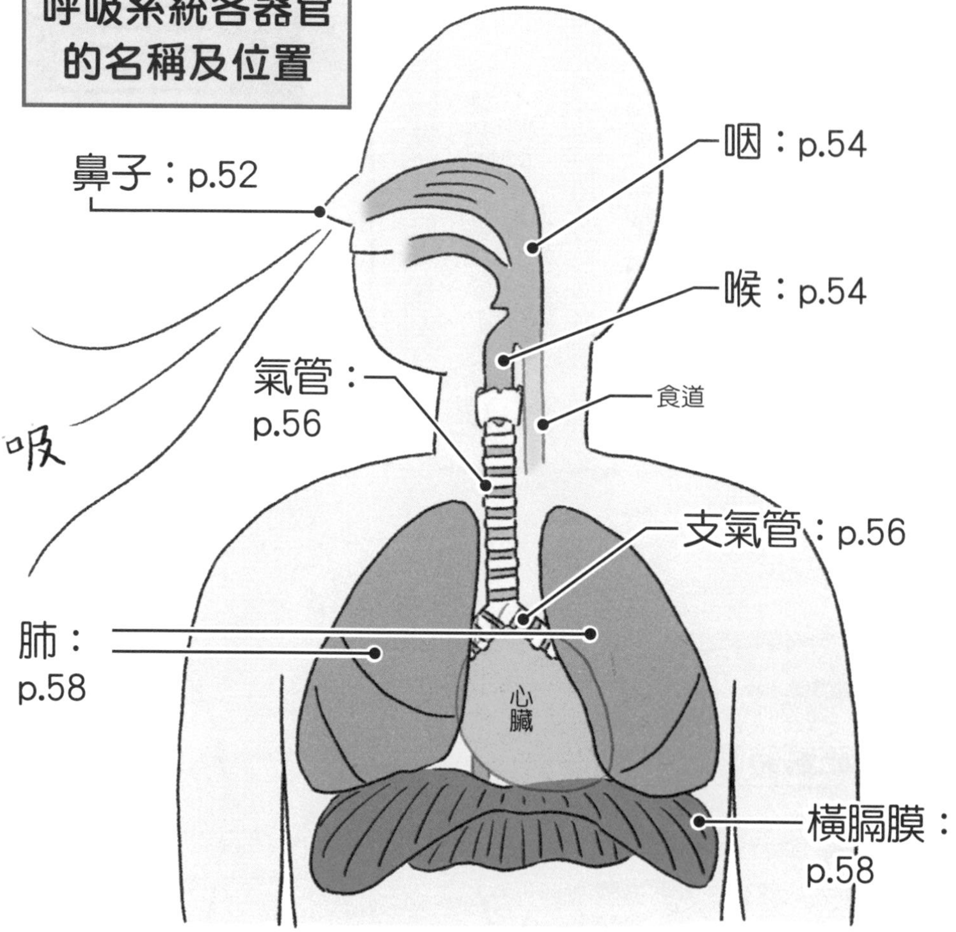
鼻子：p.52
咽：p.54
喉：p.54
氣管：p.56
食道
吸
支氣管：p.56
肺：p.58
心臟
橫膈膜：p.58

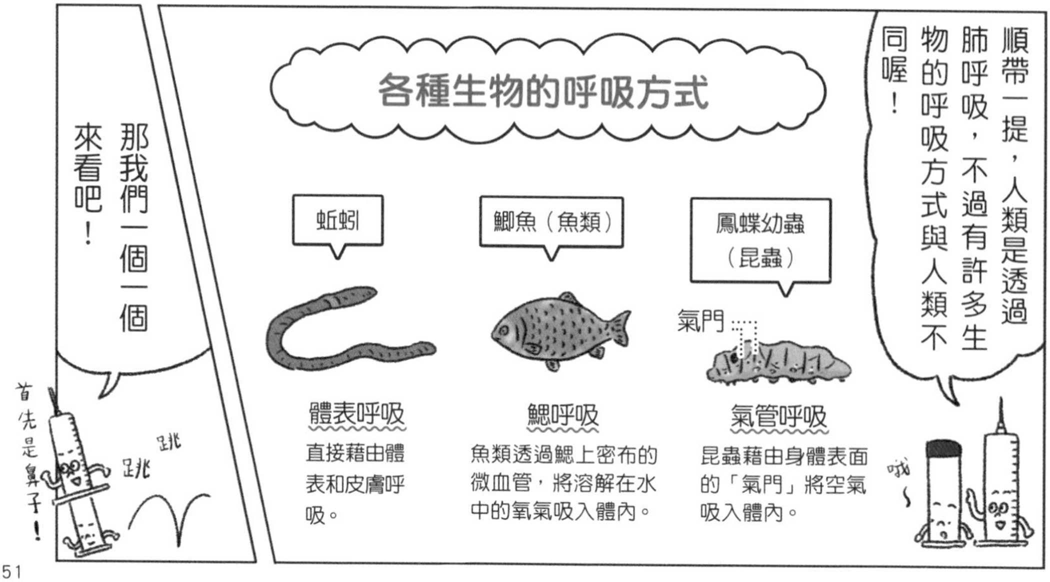
順帶一提，人類是透過肺呼吸，不過有許多生物的呼吸方式與人類不同喔！
各種生物的呼吸方式
蚯蚓
鯽魚（魚類）
鳳蝶幼蟲（昆蟲）
氣門
體表呼吸
直接藉由體表和皮膚呼吸。
鰓呼吸
魚類透過鰓上密布的微血管，將溶解在水中的氧氣吸入體內。
氣管呼吸
昆蟲藉由身體表面的「氣門」將空氣吸入體內。
哦～
那我們一個一個來看吧！
首先是鼻子！
跳
跳

鼻子

鼻子是呼吸道的入口，鼻子內有鼻毛，可過濾隨空氣進入呼吸道的塵埃或異物。鼻子內部（鼻腔）覆蓋一層黏膜，黏膜會對進入鼻腔的空氣加溫、加溼，保護纖細的肺部不受乾冷空氣傷害。

鼻子除了是呼吸器官，同時也是負責感知氣味的感覺器官。此外，還能產生聲音的回響與共鳴，使說話聲音更響亮。

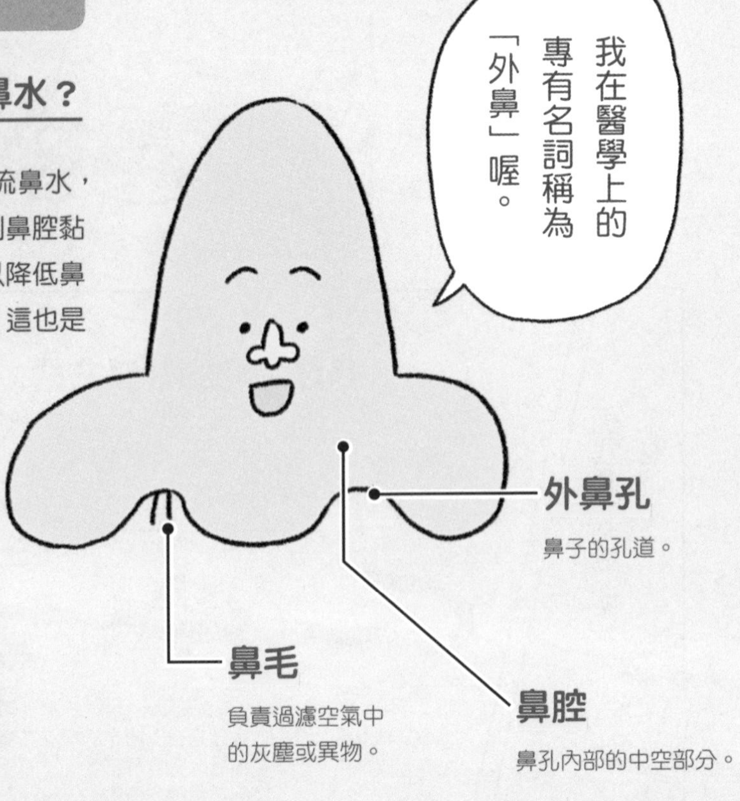

我在醫學上的專有名詞稱為「外鼻」喔。
外鼻孔
鼻子的孔道。
鼻毛
負責過濾空氣中的灰塵或異物。
鼻腔
鼻孔內部的中空部分。

更認識自己

為什麼吃麵時會流鼻水？

吃著熱騰騰的麵時常常會流鼻水，這是因為食物的熱氣刺激到鼻腔黏膜，促使鼻腔分泌鼻水，以降低鼻子內部的溫度。換句話說，這也是人體防禦機制的一種反應。

呼～呼～
稀哩呼嚕

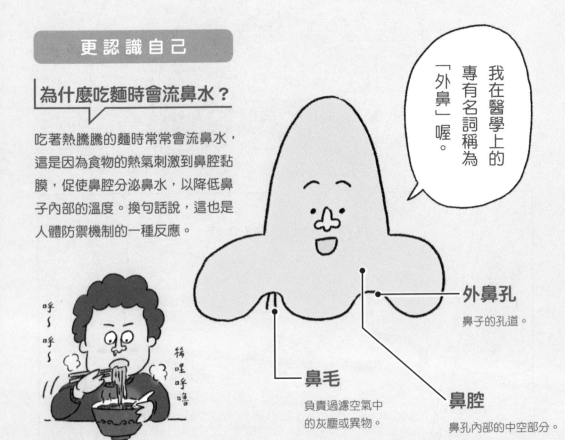

更詳細的說明

嗅覺的機制

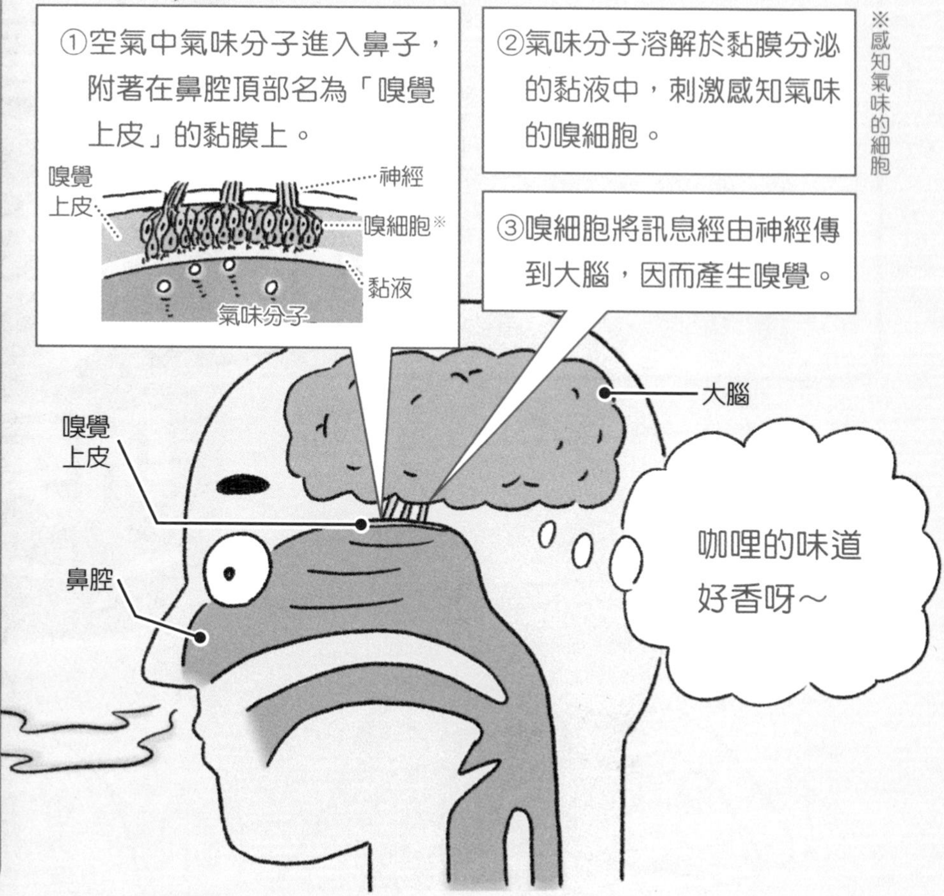
①空氣中氣味分子進入鼻子，附著在鼻腔頂部名為「嗅覺上皮」的黏膜上。
嗅覺上皮
神經
嗅細胞※
黏液
氣味分子
②氣味分子溶解於黏膜分泌的黏液中，刺激感知氣味的嗅細胞。
※感知氣味的細胞
③嗅細胞將訊息經由神經傳到大腦，因而產生嗅覺。
大腦
嗅覺上皮
鼻腔
咖哩的味道好香呀～

更有趣的知識

鼻孔會換班

我們的鼻孔通常會一邊有點鼻塞，另一邊則是完全暢通的。每過幾小時，左右兩邊的鼻孔會像「換班」一樣，交替鼻塞與暢通的狀態。這個現象稱為「鼻週期」，是人體調節呼吸的正常現象。

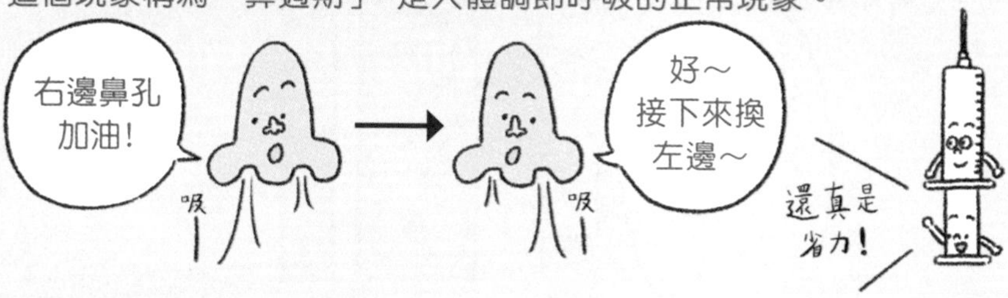
右邊鼻孔加油！
吸
好～接下來換左邊～
吸
還真是省力！

喉嚨（咽、喉）

一般所說的「喉嚨」，指的是鼻子後方到氣管前端這一段；醫學上，喉嚨則是指咽、喉部位的合稱。咽位於鼻腔、口腔的後方，後段與食道入口相連，是一條由肌肉構成的管狀通道，全長約十二公分。喉部始於喉咽，終止於氣管前端，是一條全長約四公分的管狀通道。具有發聲功能的「聲帶」就位於喉部。

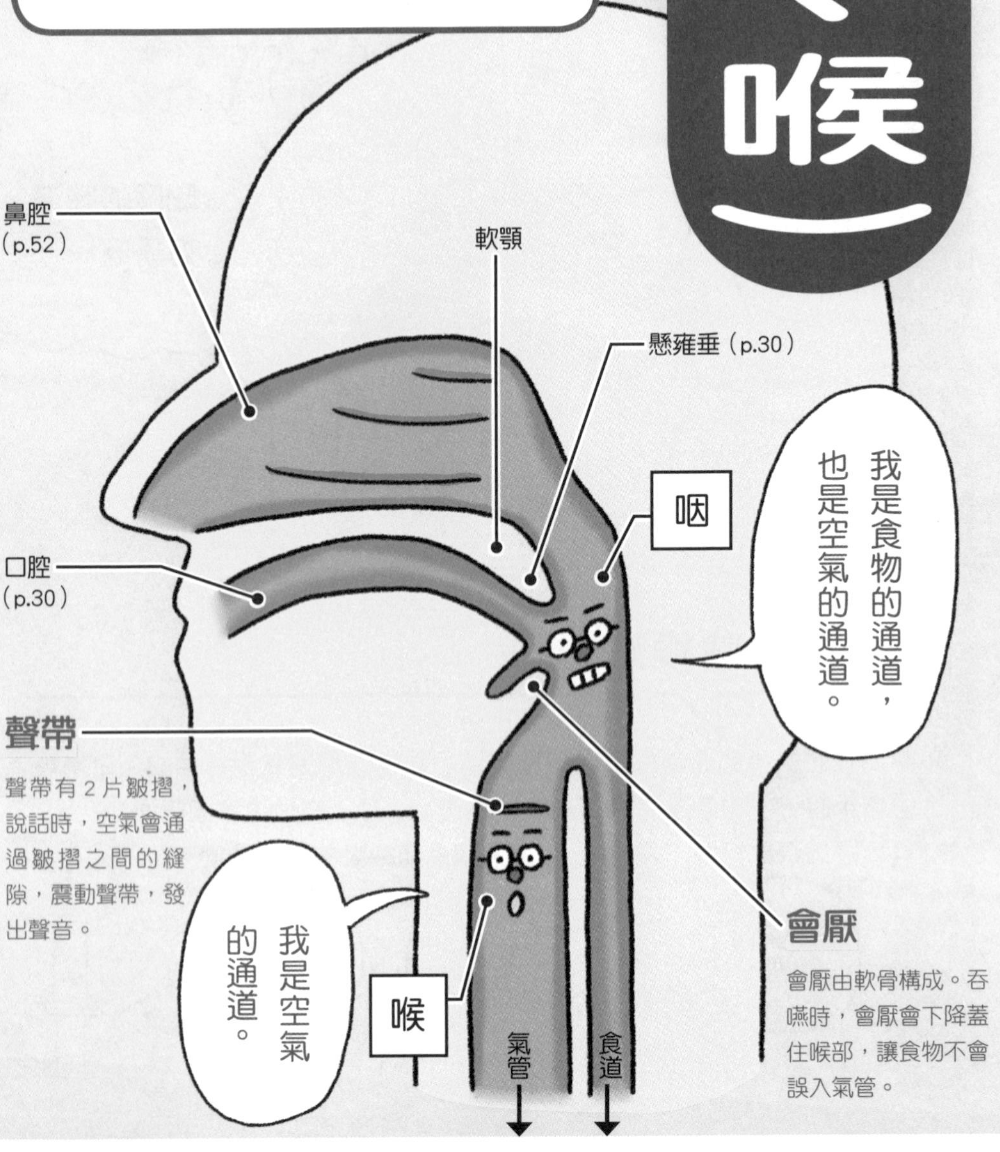
鼻腔
（p.52）
軟顎
懸雍垂（p.30）
咽
我是食物的通道，也是空氣的通道。
口腔
（p.30）
聲帶
聲帶有2片皺摺，說話時，空氣會通過皺摺之間的縫隙，震動聲帶，發出聲音。
我是空氣的通道。
喉
氣管
食道
會厭
會厭由軟骨構成。吞嚥時，會厭會下降蓋住喉部，讓食物不會誤入氣管。

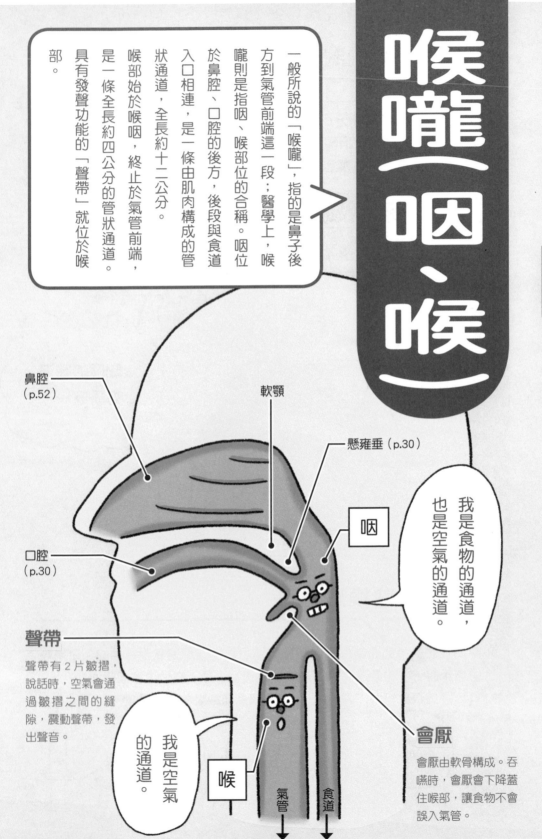

更詳細的說明

呼吸與吞嚥，切換自如的喉嚨。

吞進食物時，軟顎會往後移動，關閉和鼻腔之間的通路；同時會厭往下降，關閉喉部的入口，讓食物不會誤入鼻腔或氣管。

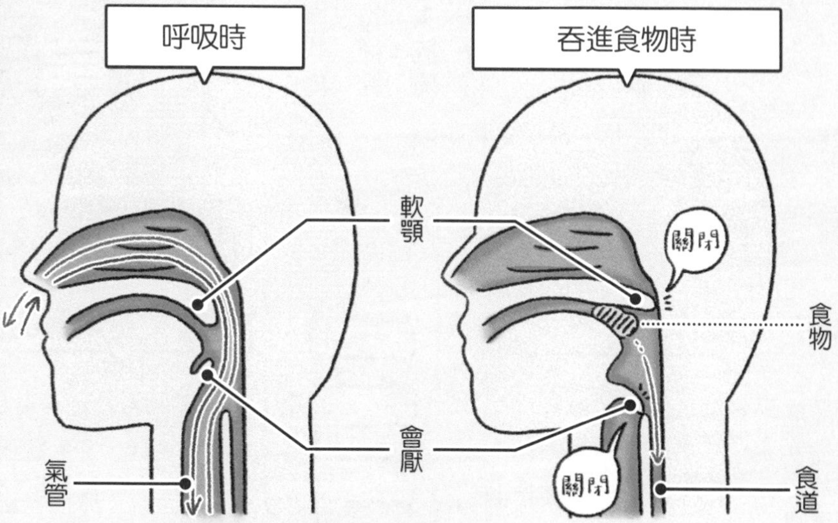
呼吸時
吞進食物時
軟顎
會厭
氣管
關閉
食物
關閉
食道

更認識自己

吃東西要細嚼慢嚥

吃東西太快的話，喉嚨會來不及反應，而使食物跑進氣管，造成嗆到的狀況。此時身體為了排出異物就會咳嗽。

吞進食物時

當我們吞進食物時，喉部是關閉的狀態（暫停呼吸），因此吞嚥的時候是絕對發不出聲音的。

咳
咳

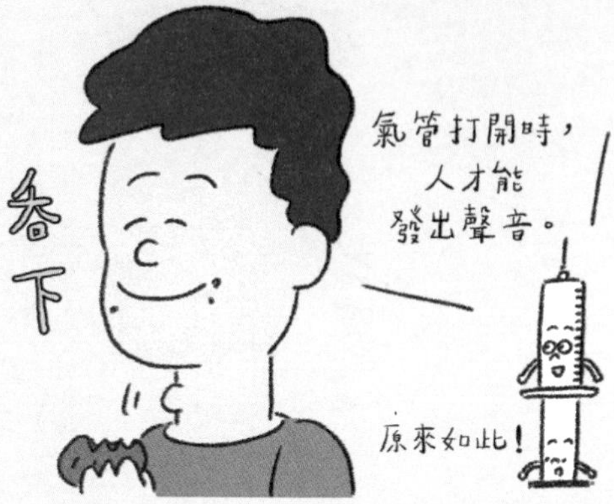
吞下
氣管打開時，人才能發出聲音。
原來如此！

氣管、支氣管

氣管接在喉部之後，是一條與食道平行的管狀器官，長約十公分，直徑約二公分。氣管在進入肺臟前，會分岔成左支氣管和右支氣管。支氣管進入肺部後，繼續分岔為樹枝狀，越分越細，在支氣管最末端有許多像葡萄串的「肺泡」，這些肺泡構成了肺臟。

更詳細的說明①

具有防禦作用！

為防止異物進入肺部，氣管內壁的黏膜可將灰塵等異物混合黏液──也就是痰，往上排送到喉嚨。

更詳細的說明②

氣管、支氣管的剖面圖

氣管周圍有C形軟骨，可維持中空的形狀，避免變形堵塞。

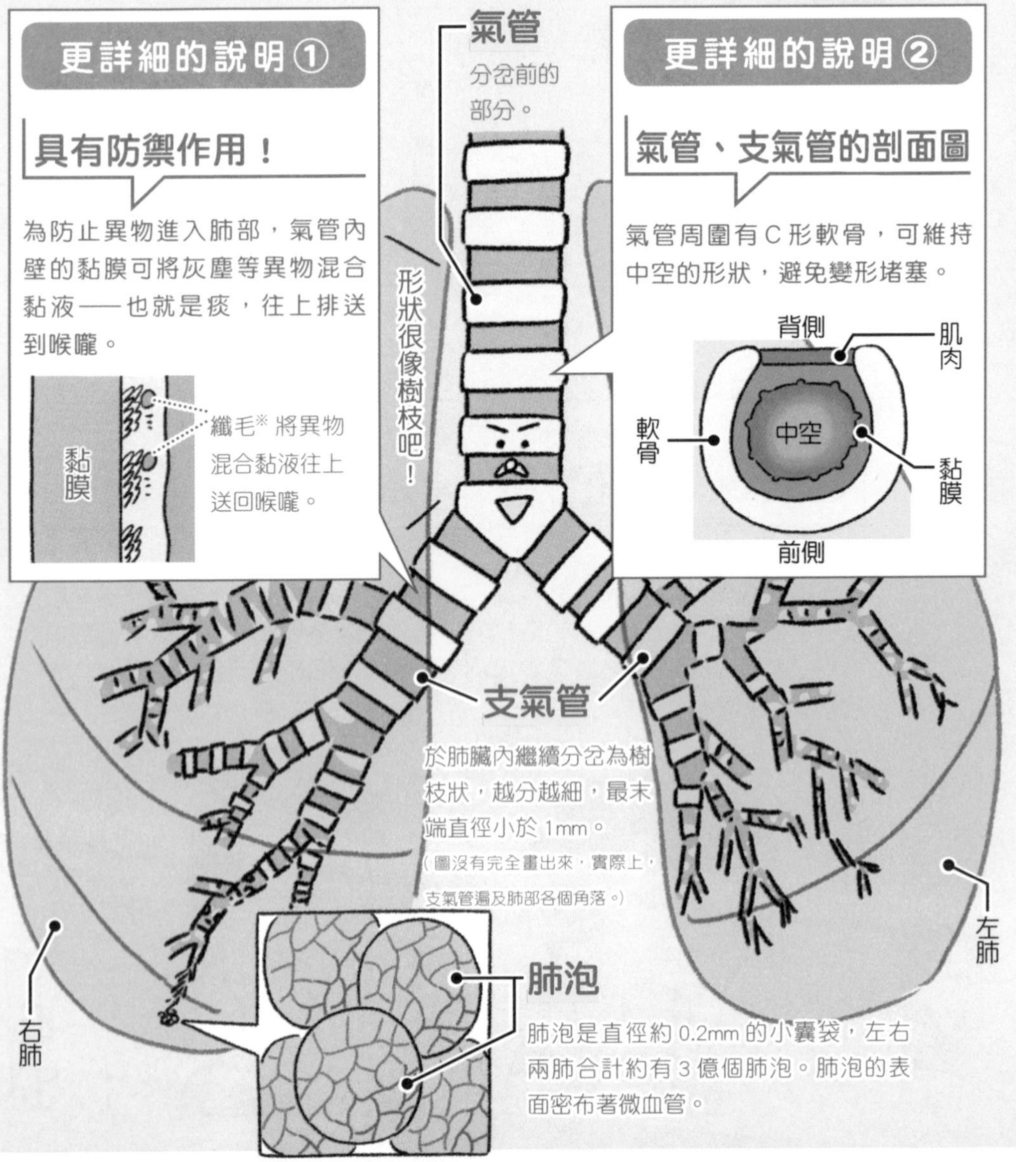
黏膜
纖毛※將異物混合黏液往上送回喉嚨。
氣管
分岔前的部分。
形狀很像樹枝吧！
背側
肌肉
軟骨
中空
黏膜
前側
支氣管
於肺臟內繼續分岔為樹枝狀，越分越細，最末端直徑小於1mm。
（圖沒有完全畫出來，實際上，支氣管遍及肺部各個角落。）
肺泡
肺泡是直徑約0.2mm的小囊袋，左右兩肺合計約有3億個肺泡。肺泡的表面密布著微血管。
右肺
左肺

※氣管內壁上無數的纖細短毛

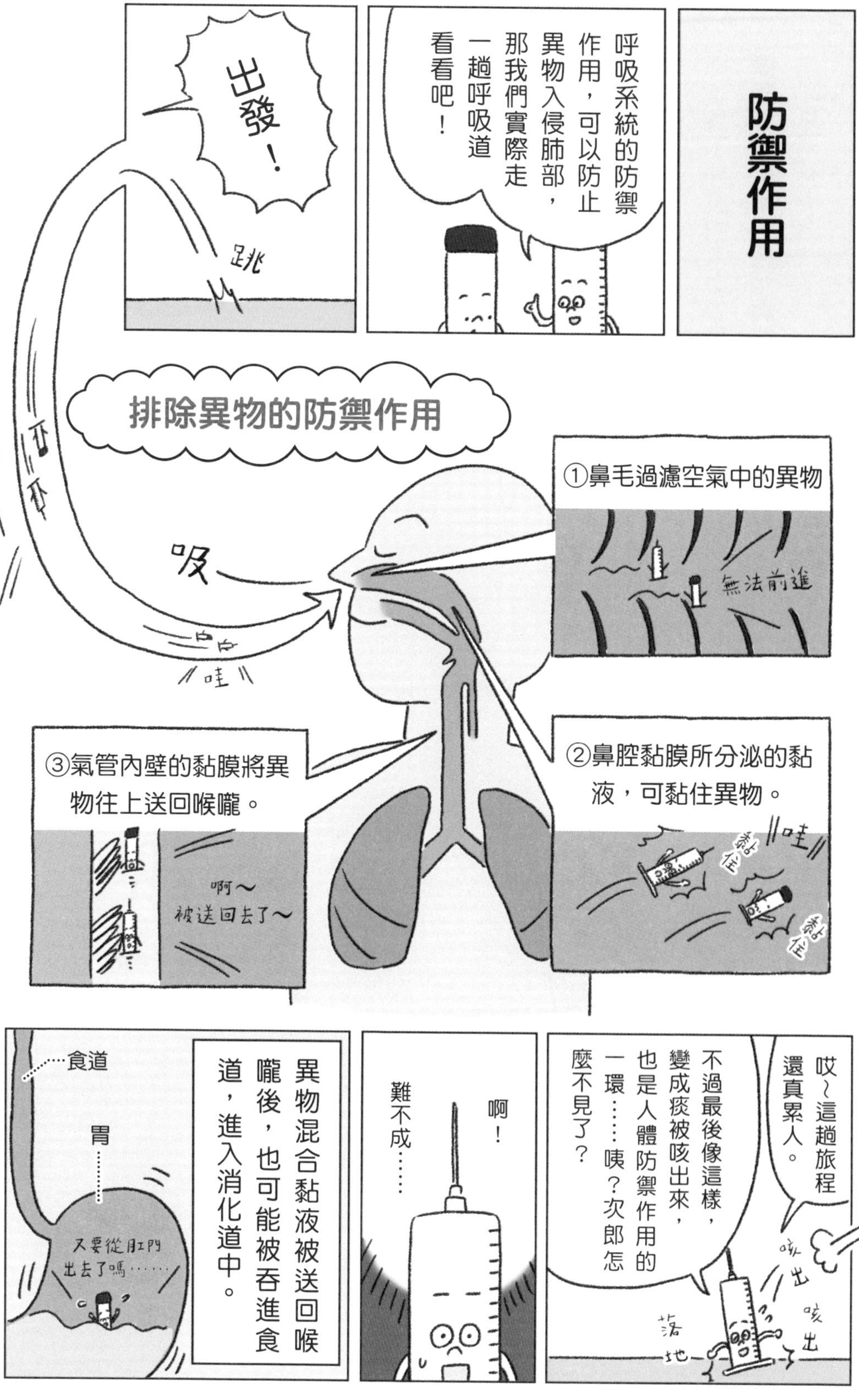
防禦作用
呼吸系統的防禦作用，可以防止異物入侵肺部，那我們實際走一趟呼吸道看看吧！
出發！
跳
排除異物的防禦作用
哇
哇
吸
①鼻毛過濾空氣中的異物
無法前進
②鼻腔黏膜所分泌的黏液，可黏住異物。
黏住
哇
黏住
③氣管內壁的黏膜將異物往上送回喉嚨。
啊～被送回去了～
哎～這趟旅程還真累人。
不過最後像這樣，變成痰被咳出來，也是人體防禦作用的一環……咦？次郎怎麼不見了？
咳出
咳出
落地
啊！
難不成……
異物混合黏液被送回喉嚨後，也可能被吞進食道，進入消化道中。
食道
胃
又要從肛門出去了嗎……

肺

肺是由肺泡（請看五十六頁）構成的一對海綿狀器官。左肺稍微比右肺小，這是因為心臟位於左、右肺之間，稍微偏左的緣故。

肺藉由呼吸，將氧氣送進血液中，並從血液中接收二氧化碳排出體外，肩負非常重要的使命。

肺本身不具肌肉，必須藉由橫膈膜等周圍組織的擴張與收縮來完成呼氣或吸氣。

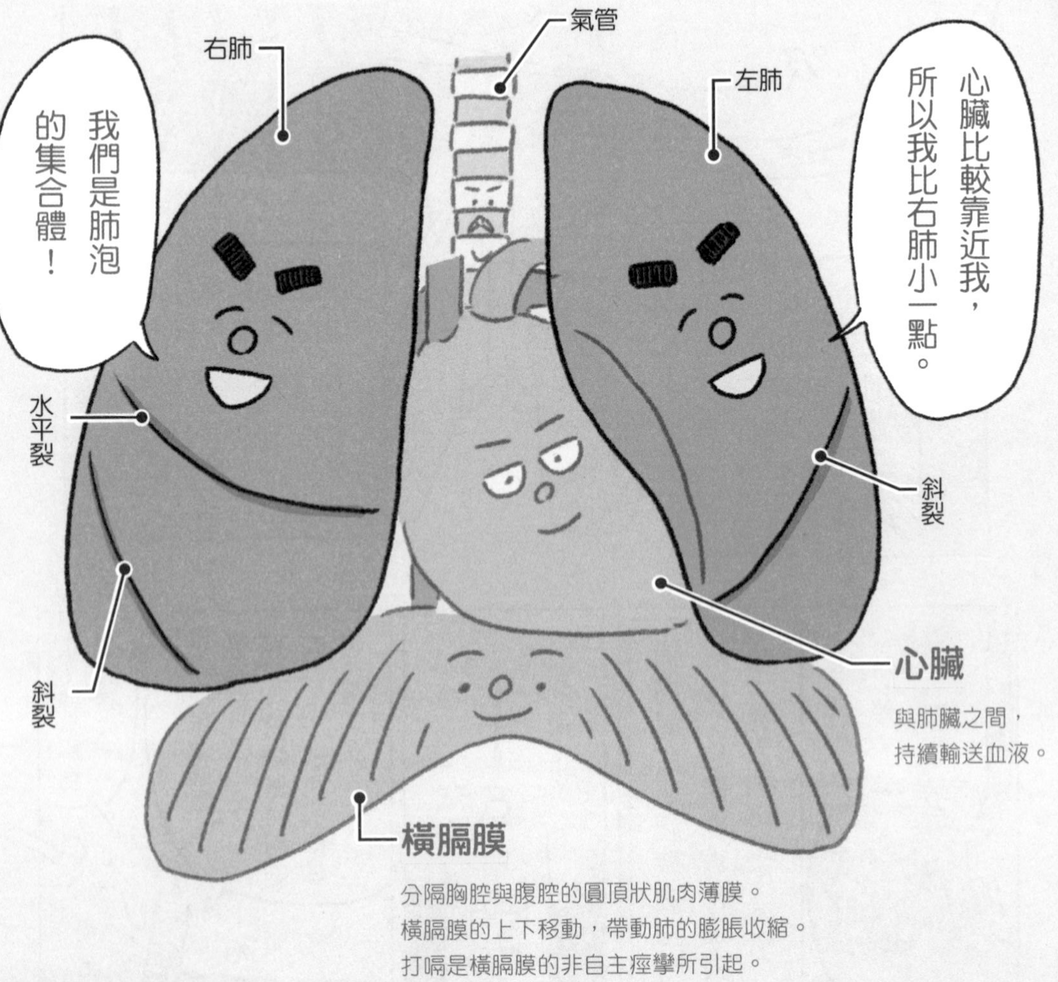

右肺
氣管
左肺
我們是肺泡的集合體！
心臟比較靠近我，所以我比右肺小一點。
水平裂
斜裂
斜裂
心臟
與肺臟之間，持續輸送血液。
橫膈膜
分隔胸腔與腹腔的圓頂狀肌肉薄膜。
橫膈膜的上下移動，帶動肺的膨脹收縮。
打嗝是橫膈膜的非自主痙攣所引起。

肺臟與心臟的關係

肺臟回收從心臟送來血液中的二氧化碳，並將空氣中的氧氣溶入血液中，再送回心臟。

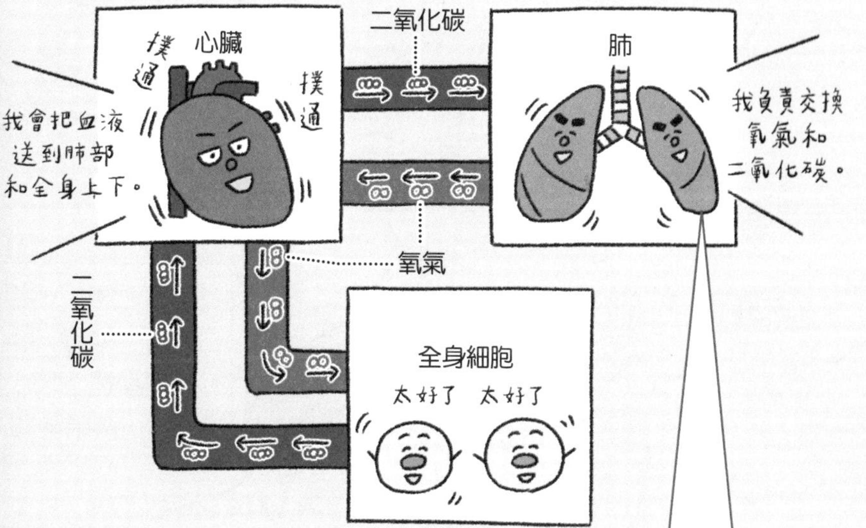

在肺泡進行氣體交換

肺泡表面布滿微血管，微血管中的血液經由肺泡壁與肺部中的空氣接觸，氧氣和二氧化碳即透過這層肺泡壁進行交換。

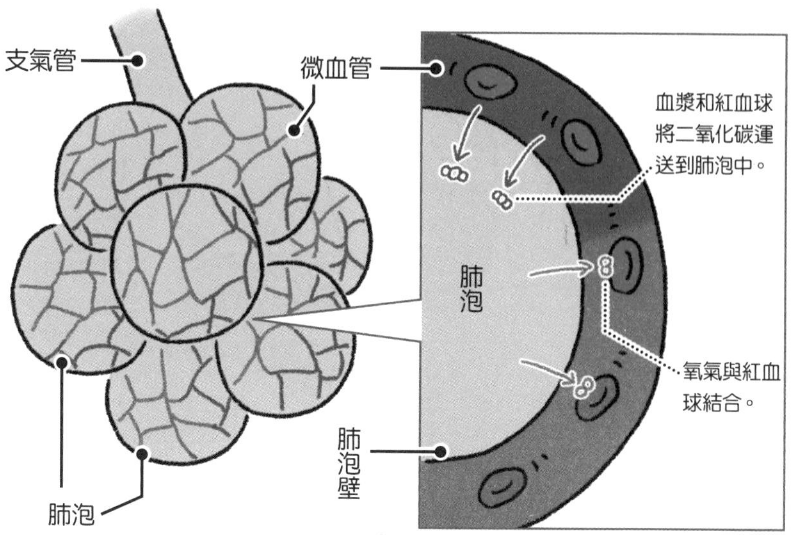

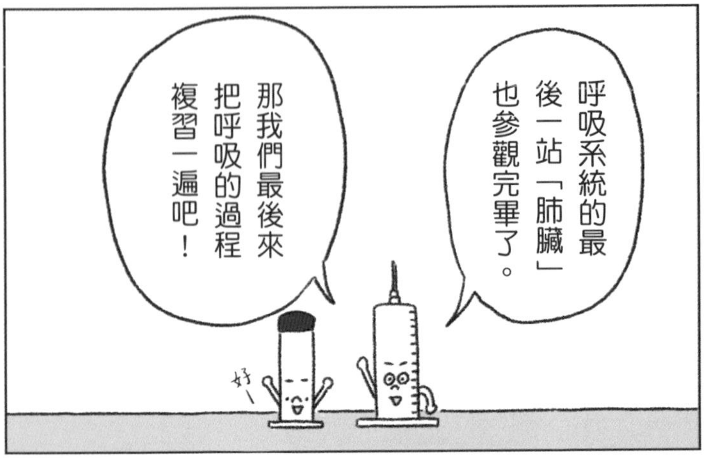
呼吸系統的最後一站「肺臟」也參觀完畢了。
那我們最後來把呼吸的過程複習一遍吧！
好～

空氣進入肺部的路徑

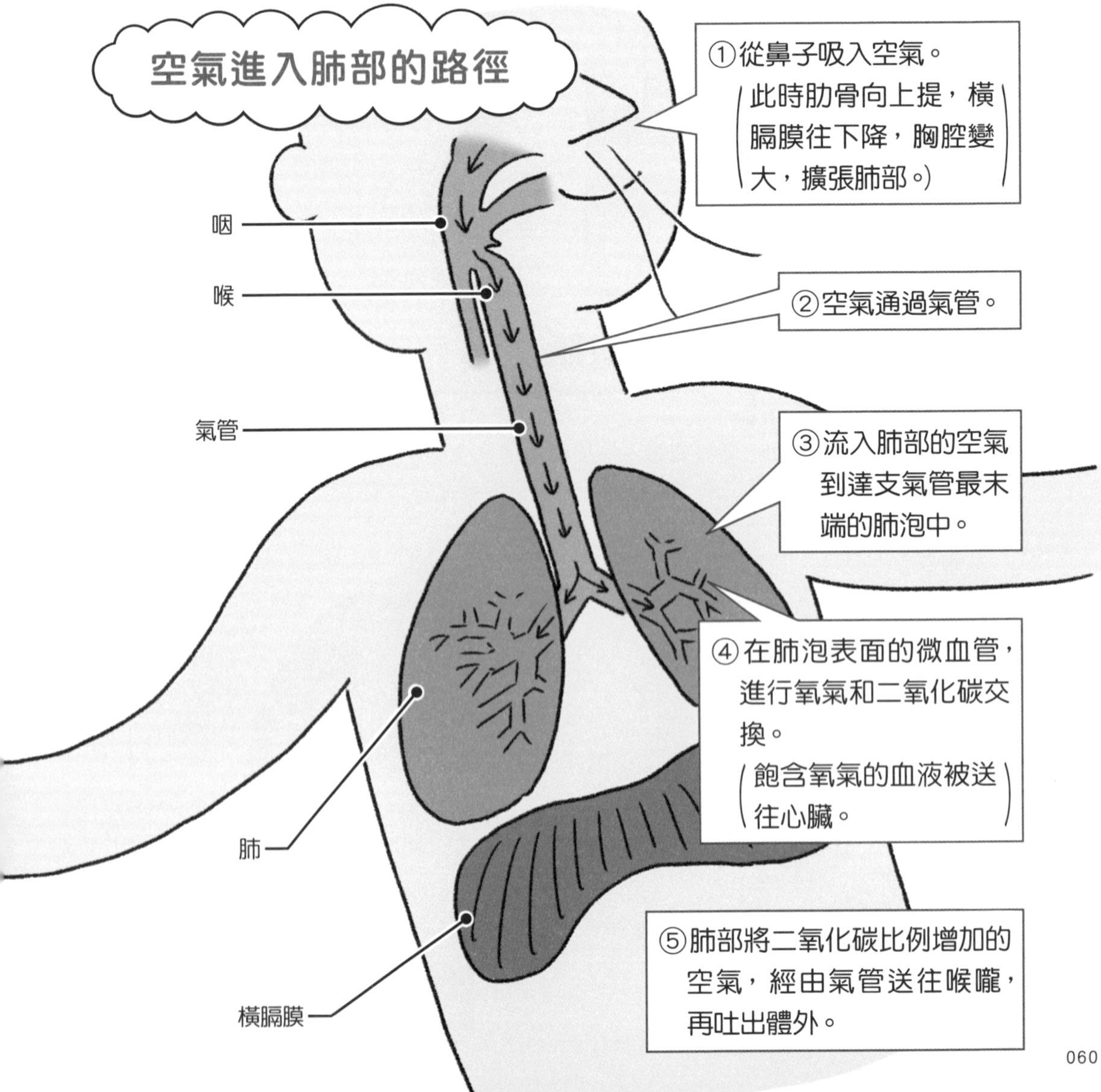
空氣進入肺部的路徑
①從鼻子吸入空氣。（此時肋骨向上提，橫膈膜往下降，胸腔變大，擴張肺部。）
咽
喉
②空氣通過氣管。
氣管
③流入肺部的空氣到達支氣管最末端的肺泡中。
④在肺泡表面的微血管，進行氧氣和二氧化碳交換。（飽含氧氣的血液被送往心臟。）
肺
⑤肺部將二氧化碳比例增加的空氣，經由氣管送往喉嚨，再吐出體外。
橫膈膜

不過，要先有健康的呼吸系統，才能像這樣把氧氣吸入體內。
說得沒錯！
嗯？
是肺臟君和氣管哥。
正是在下
可以讓我們說句話嗎？
？
抽菸可是
有百害而無一利！
哇！
啊～
歹勢，嚇到你們了。
不要突然大吼大叫呀！
抱歉
抱歉
抽菸會破壞我們的細胞。
抽菸對肺部的影響
沒有抽菸的肺
長期抽菸的肺
最後連呼吸功能都受損。
不過你們看看這張圖。
嗖嗖
抽菸對肺部的影響
橫膈膜
而且二手菸的危害也很大！
就是說！就是說！
除了罹患癌症的風險大增，還有……
我們就先告辭了
溜走

針筒兄弟的原來如此專欄

為什麼會突然咳嗽、打噴嚏、打嗝呢？

為什麼我們偶爾會突然咳嗽、打噴嚏或打嗝呢？就來為大家解說原因。咳嗽是人體的自我防禦機制。當我們吸入花粉或微生物時，人體為了防止異物入侵肺部，就會啟動防禦機制，以「咳嗽」來排除呼吸道中的外來異物。我們的呼吸道黏膜有無數的纖毛，當纖毛受到異物刺激，收到訊息的大腦就會命令「呼吸肌肉（橫膈膜和胸部的肌肉）」運動，產生咳嗽反應，將呼吸道中的異物噴出體外。

打噴嚏和咳嗽一樣，都是呼吸道排除異物的防禦機制。當鼻子吸入灰塵等異物，使鼻黏膜受到刺激，三叉神經會將訊息傳到大腦，命令呼吸肌肉運動，產生噴嚏反射。我們在打噴嚏之前會深吸一口氣，這正是身體為了打噴嚏，促使橫膈膜等肌肉收縮所產生的自然反應。鼻子發癢，深吸一口氣，隨著打噴嚏產生的高速氣流，異物也被噴出體外。

不過，人體會打嗝並不是為了排除異物。打嗝是因為橫膈膜和肋間肌的不自主快速收縮，當橫膈膜受到刺激而收縮，在吸氣的瞬間，聲帶突然關閉，因而發出奇怪的「呃、呃」聲。造成打嗝的原因有諸多說法，像是暴飲暴食、胃部溫度的劇烈變化、壓力等，然而，不同於咳嗽及打噴嚏，引發打嗝的真正原因，到目前為止在醫學上仍不明朗。

大家或許有聽過「打嗝一百次就會死掉」的說法，但那只是謠傳，並不是真的。不過，腦梗塞（缺血性腦中風）、氣喘或腎臟病等疾病也可能引發打嗝，若是打嗝一直停不下來，最好還是到醫院檢查。

第四章

循環系統

心臟／血液／血管
淋巴管、淋巴液

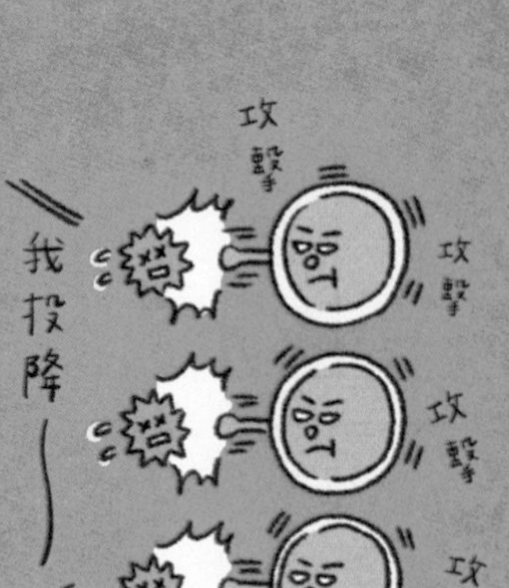

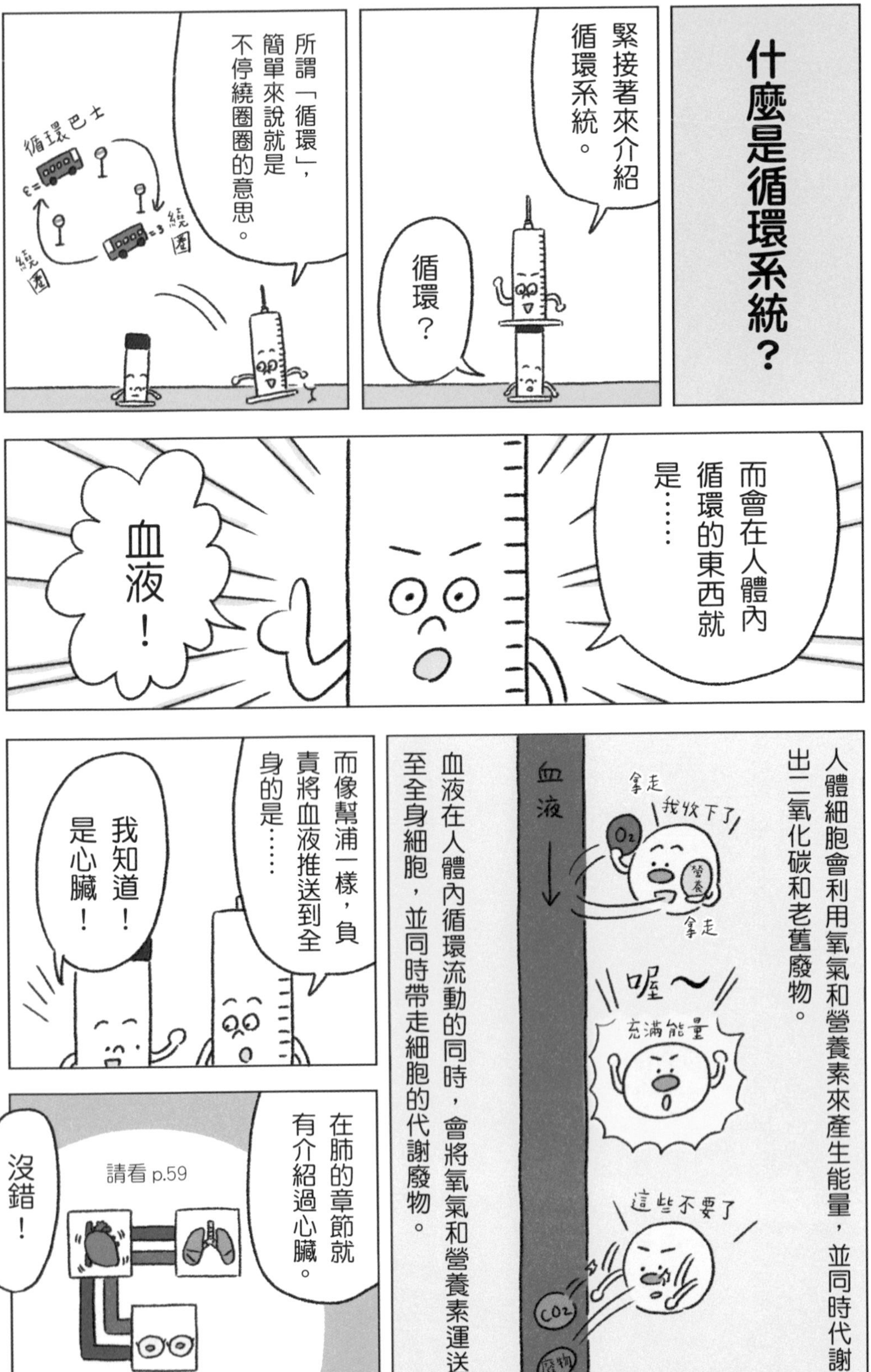
什麼是循環系統？
緊接著來介紹循環系統。
循環？
所謂「循環」，簡單來說就是不停繞圈圈的意思。
循環巴士
繞圈
繞圈
而會在人體內循環的東西就是……
血液！
人體細胞會利用氧氣和營養素來產生能量，並同時代謝出二氧化碳和老舊廢物。
血液
拿走
我收下了
O_2
營養
拿走
喔～
充滿能量
這些不要了
CO_2
廢物
血液在人體內循環流動的同時，會將氧氣和營養素運送至全身細胞，並同時帶走細胞的代謝廢物。
而像幫浦一樣，負責將血液推送到全身的是……
我知道！是心臟！
在肺的章節就有介紹過心臟。
請看 p.59
沒錯！

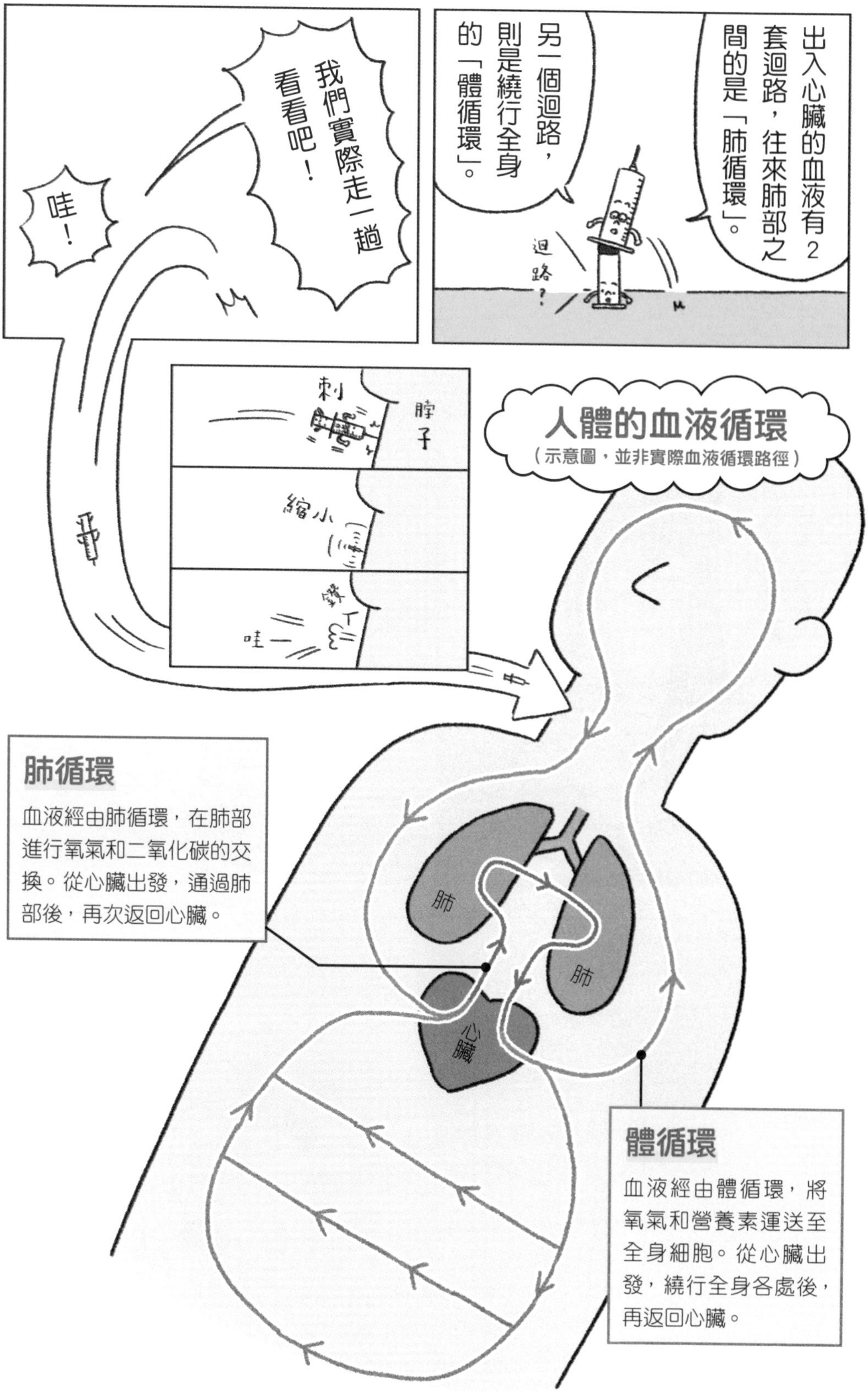
出入心臟的血液有2套迴路，往來肺部之間的是「肺循環」。
另一個迴路，則是繞行全身的「體循環」。
迴路？
我們實際走一趟看看吧！
哇！
刺
脖子
縮小
哇—
人體的血液循環
（示意圖，並非實際血液循環路徑）
肺循環
血液經由肺循環，在肺部進行氧氣和二氧化碳的交換。從心臟出發，通過肺部後，再次返回心臟。
肺
肺
心臟
體循環
血液經由體循環，將氧氣和營養素運送至全身細胞。從心臟出發，繞行全身各處後，再返回心臟。

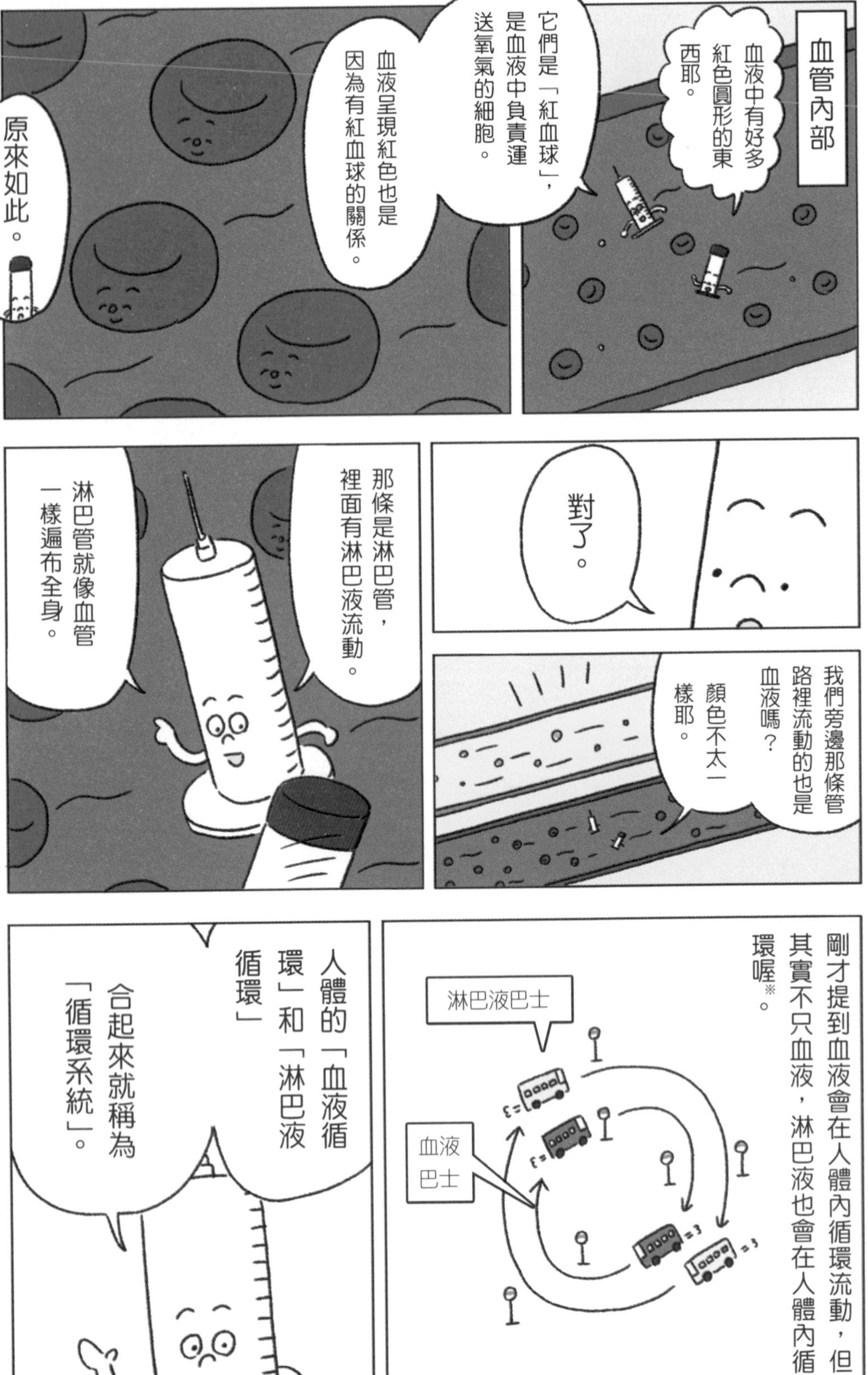
血管內部
血液中有好多紅色圓形的東西耶。
它們是「紅血球」，是血液中負責運送氧氣的細胞。
血液呈現紅色也是因為有紅血球的關係。
原來如此。
對了。
我們旁邊那條管路裡流動的也是血液嗎？
顏色不太一樣耶。
那條是淋巴管，裡面有淋巴液流動。
淋巴管就像血管一樣遍布全身。
剛才提到血液會在人體內循環流動，但其實不只血液，淋巴液也會在人體內循環喔※。
淋巴液巴士
血液巴士
人體的「血液循環」和「淋巴液循環」
合起來就稱為「循環系統」。

※ 嚴格來說，其實淋巴液會和血液匯流，並非像插圖所畫的只是各自循環。

循環系統各器官的位置及名稱

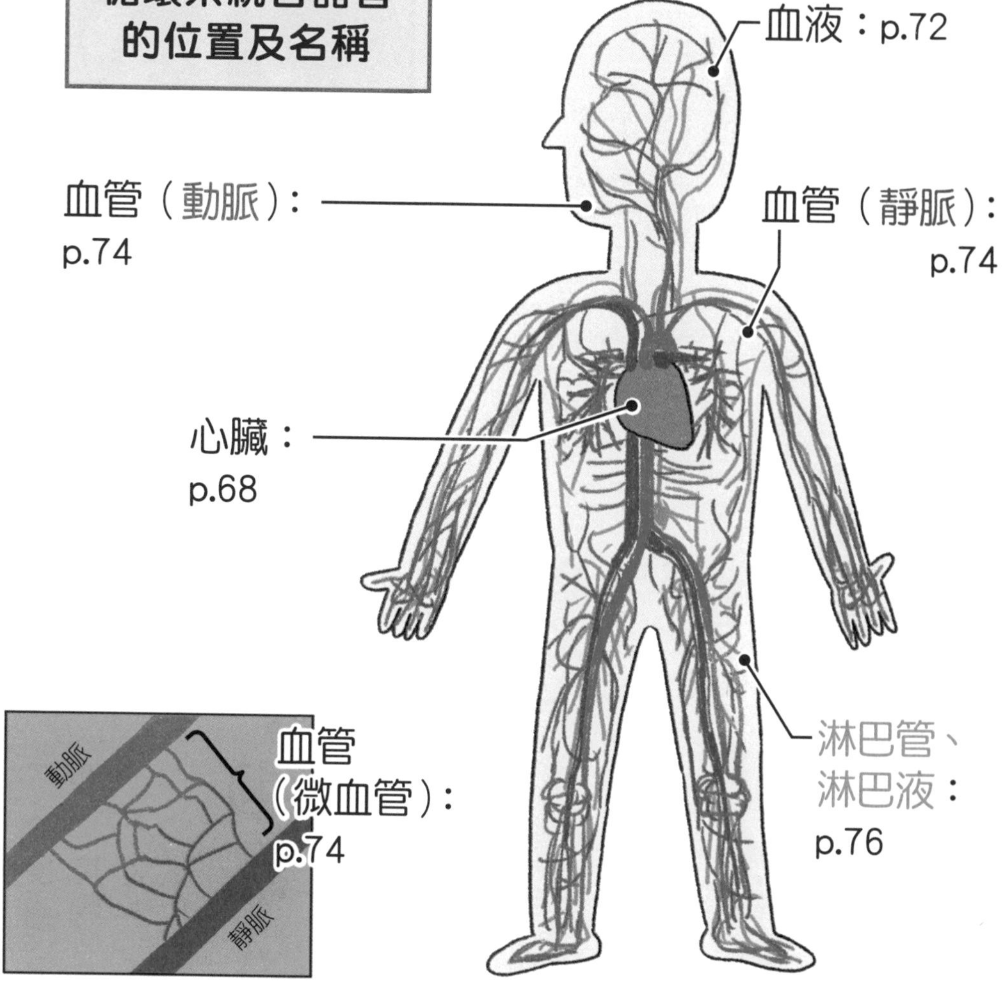
血液：p.72
血管（動脈）：p.74
血管（靜脈）：p.74
心臟：p.68
淋巴管、淋巴液：p.76
動脈
靜脈
血管（微血管）：p.74

人體中的血管和淋巴管遍布全身上下。微血管則是指連結動脈與靜脈的微細血管（請看 p.75）。

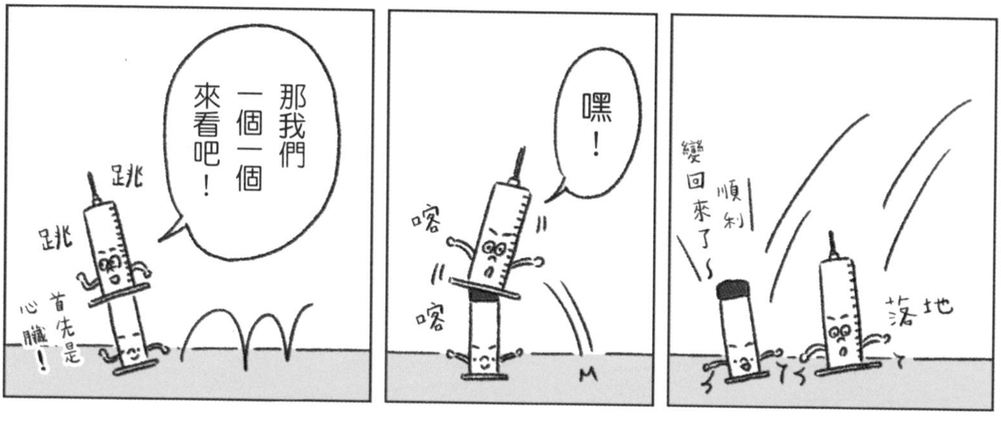
跳
跳
那我們一個一個來看吧！
首先是心臟！
嘿！
喀
喀
變回來了~
順利
落地

心臟

心臟位於左、右肺之間，在胸腔中間偏左的位置。心臟重量約三百公克，與拳頭大小差不多。心臟壁是由一種名為「心肌」的特殊肌肉構成，心臟藉由心肌的規律收縮，像幫浦一樣，將血液以一定的節奏推送至全身。

心臟內部由四個腔室組成，每個腔室都有各自的功用。

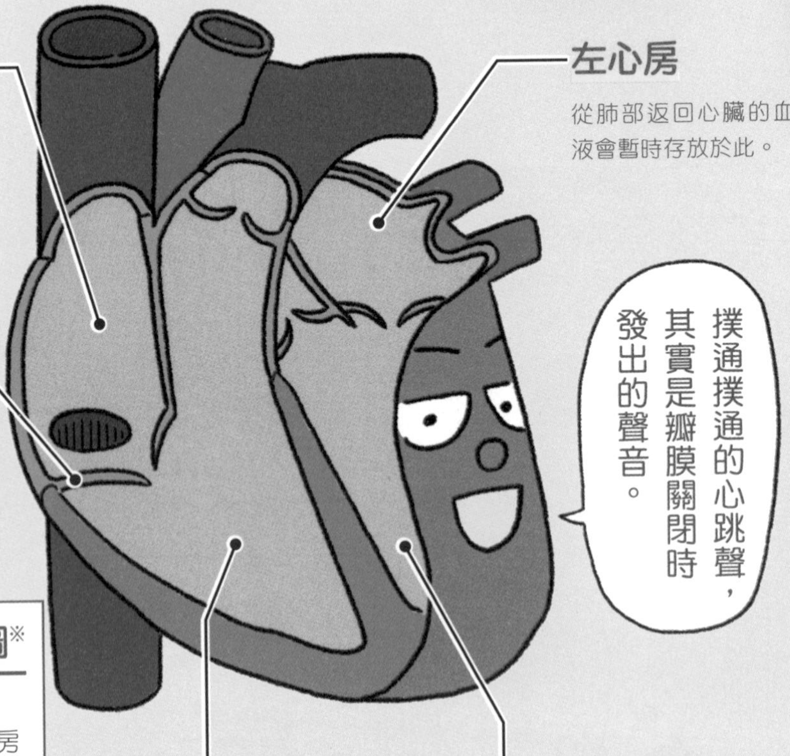
撲通撲通的心跳聲，其實是瓣膜關閉時發出的聲音。

右心房

流經全身後返回心臟的血液會暫時存放於此。

左心房

從肺部返回心臟的血液會暫時存放於此。

瓣膜

心臟內共 4 個地方具有防止血液逆流的瓣膜，分別位於右心室和左心室的入口及出口。

右心室

負責將血液推送至肺部。

左心室

負責將血液推送至全身。

4 個腔室的簡圖※

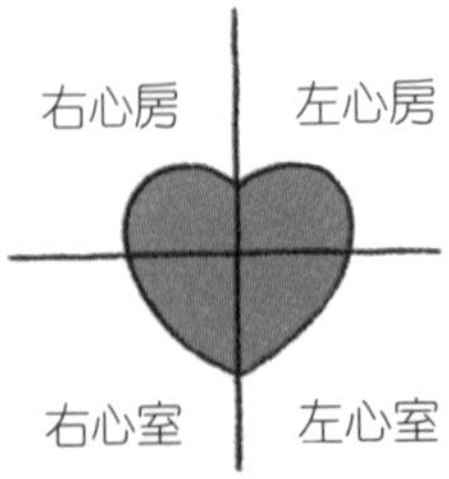
右心房
左心房
右心室
左心室

※從人體正面看的角度

更詳細的說明

進出心臟的血液流向示意圖

血液循環全身一次
只要幾十秒到
一分鐘喔！
好快！

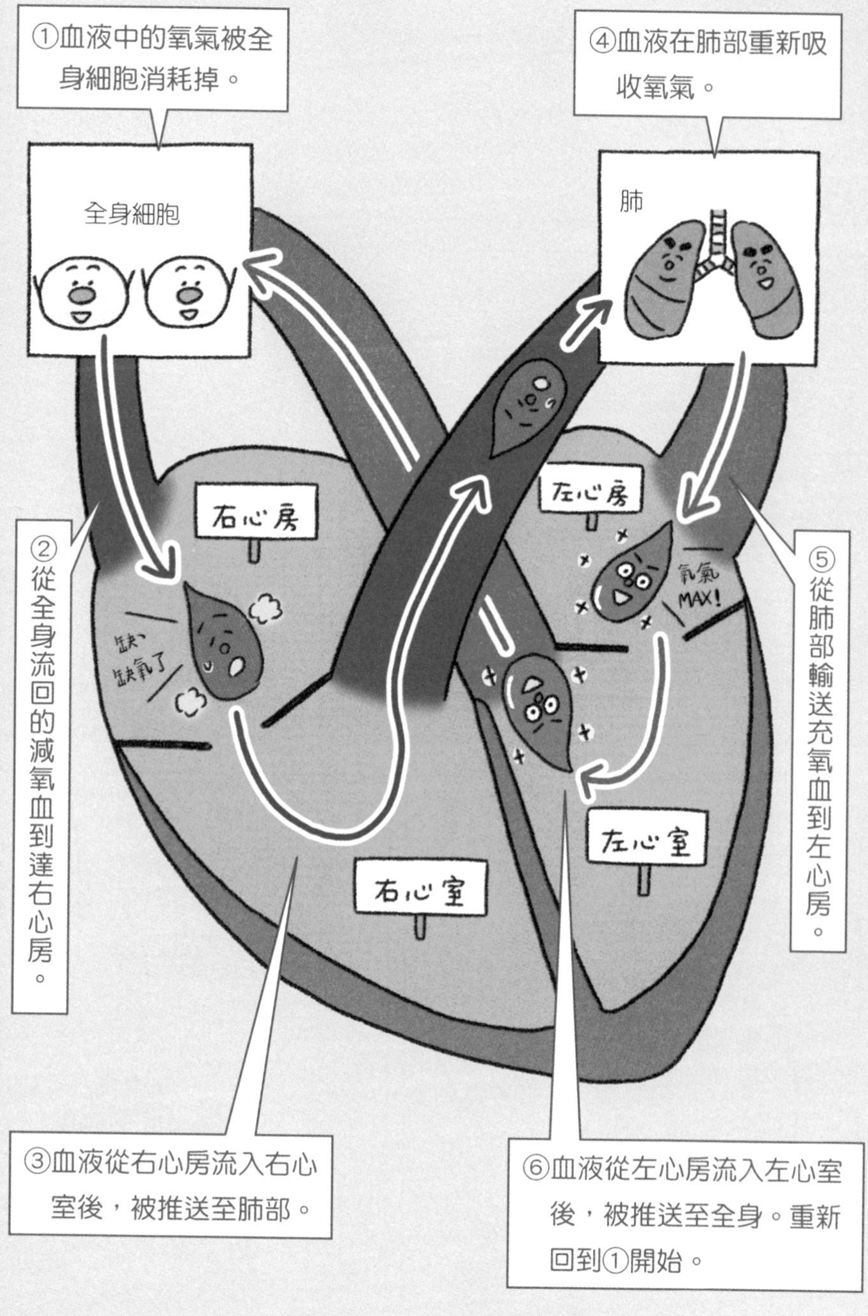
①血液中的氧氣被全身細胞消耗掉。
全身細胞
④血液在肺部重新吸收氧氣。
肺
右心房
缺、缺氧了
左心房
氧氣MAX！
②從全身流回的減氧血到達右心房。
⑤從肺部輸送充氧血到左心房。
右心室
左心室
③血液從右心房流入右心室後，被推送至肺部。
⑥血液從左心房流入左心室後，被推送至全身。重新回到①開始。

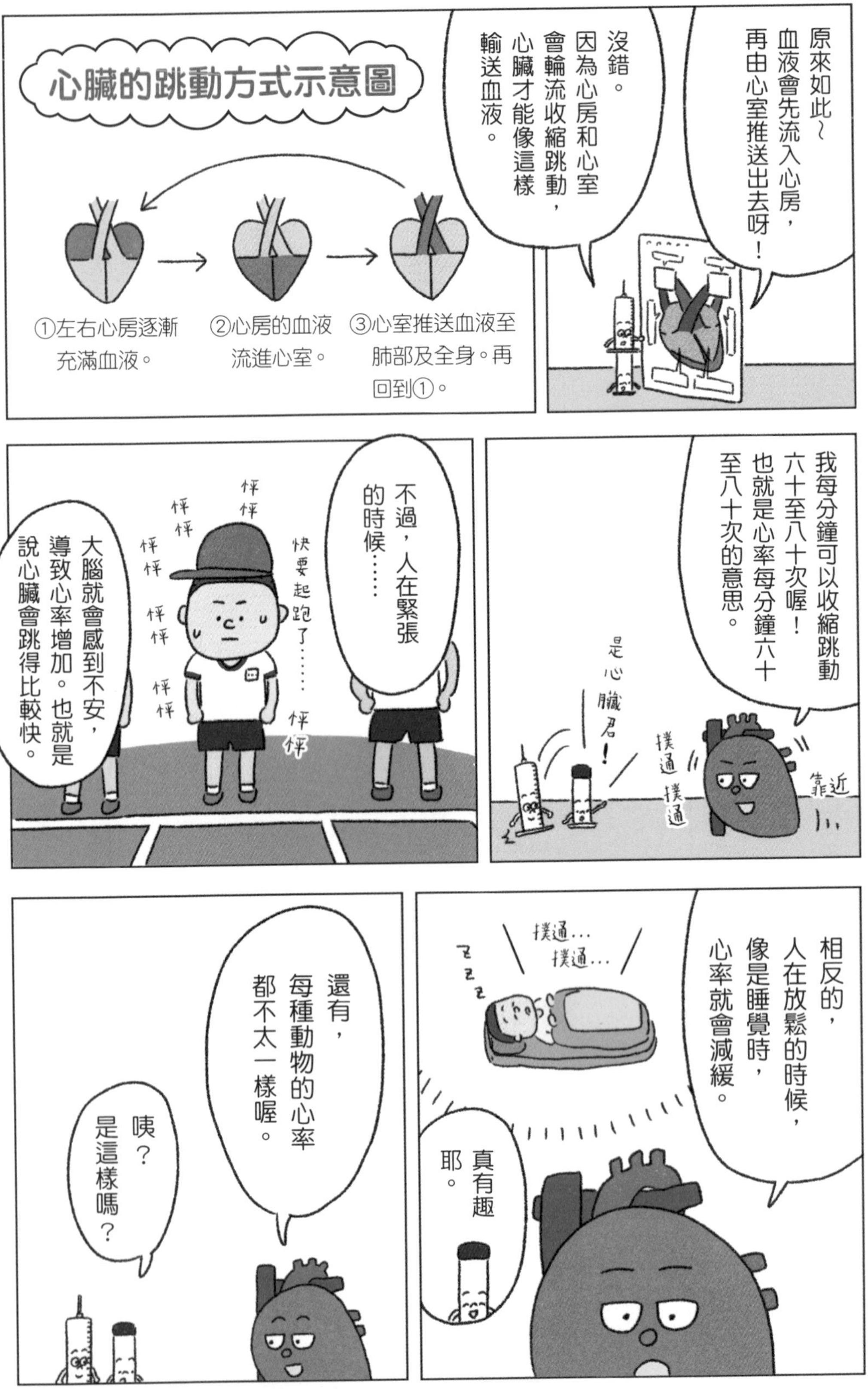
原來如此～血液會先流入心房，再由心室推送出去呀！
沒錯。因為心房和心室會輪流收縮跳動，心臟才能像這樣輸送血液。
心臟的跳動方式示意圖
①左右心房逐漸充滿血液。
②心房的血液流進心室。
③心室推送血液至肺部及全身。再回到①。
我每分鐘可以收縮跳動六十至八十次喔！也就是心率每分鐘六十至八十次的意思。
是心臟君！
撲通 撲通
靠近
不過，人在緊張的時候……
快要起跑了……
怦怦
大腦就會感到不安，導致心率增加。也就是說心臟會跳得比較快。
相反的，人在放鬆的時候，像是睡覺時，心率就會減緩。
撲通… 撲通…
真有趣耶。
還有，每種動物的心率都不太一樣喔。
咦？是這樣嗎？

動物體型大小與心率比較
哺乳類動物的心率，往往與體型大小有關，體型越小的動物心跳越快，體型越大的動物心跳越慢。
約 600 次
約 70 次
約 70 次
約 30 次
怦怦怦怦怦怦怦怦
撲通撲通
撲通撲通
撲通撲通
老鼠
老虎
人類
大象
老鼠的心跳好快喔！
撲通撲通
哺乳類的壽命比較
而且，心跳速度跟壽命也有關係喔。
2 年
15 年
72 年
60 年
怦怦怦怦怦怦怦怦
撲通撲通
撲通撲通
撲通撲通
老鼠
老虎
人類
大象
心跳越慢的動物活得越久呀。
撲通撲通
奇怪？人類不適用這個規則耶？
心率明明比大象快，卻更長壽。
沒錯，人類是例外！人類會這麼長壽，主要歸功於醫學的進步。
人類還真厲害耶！
嗯嗯

血液

血液中含有各種成分，幾乎占據了體重的百分之八。血液透過遍布全身的血管，將氧氣和營養物質等細胞活動所需物質，運送至身體各個部位。此外，血液也具有止血功能，當血管受傷時，血液就會凝結成血塊堵住傷口止血。

血液中的細胞成分都是由骨頭內部的「骨髓（請看第十四頁）」製造而成的。

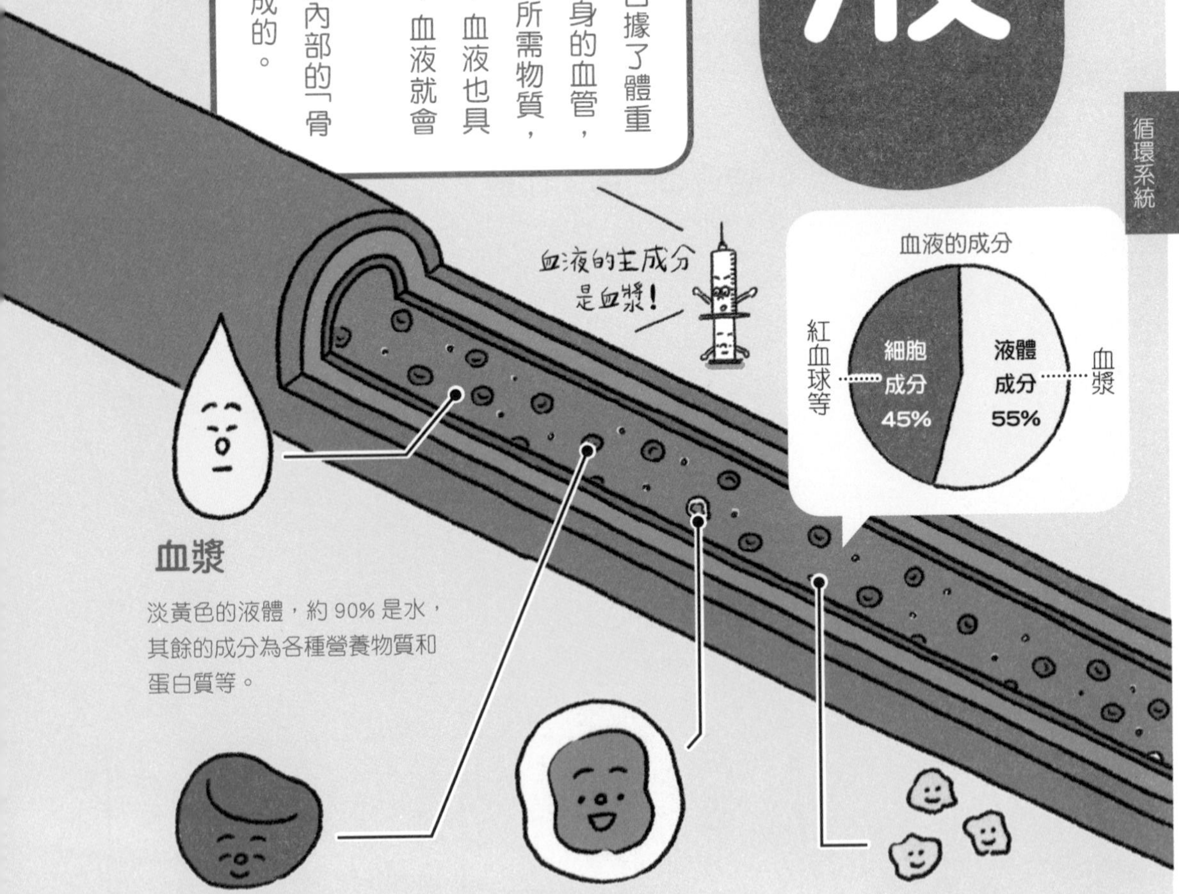
血液的主成分
是血漿！
血液的成分
紅血球等
細胞
成分
45%
液體
成分
55%
血漿

血漿

淡黃色的液體，約 90% 是水，其餘的成分為各種營養物質和蛋白質等。

紅血球

負責搬運氧氣到全身各部位。紅血球中的色素成分「血色素」是血液呈現紅色的原因。血液中約有 380 萬～ 500 萬 /mm^3 個紅血球。

白血球

負責擊退入侵體內的細菌或病毒等外敵，白血球有許多種類。血液中約有 4000 ～ 9000/mm^3 個白血球。

血小板

負責止血的細胞碎片。血管受傷時，血小板就會聚集，堵住傷口止血。血液中約有 15 萬～ 40 萬 /mm^3 個血小板。

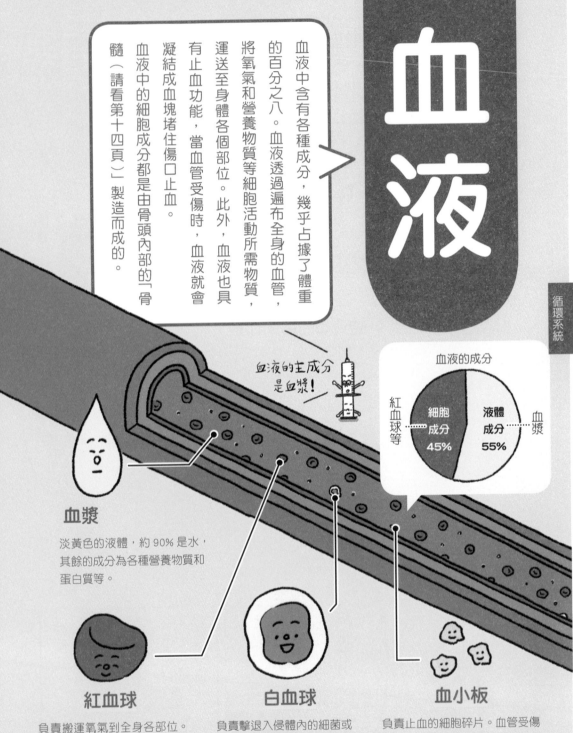

更詳細的說明

人體的止血機制

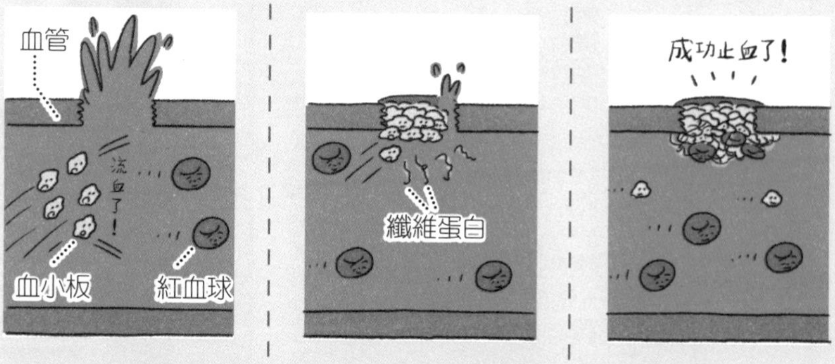
血管
流血了！
血小板
紅血球
纖維蛋白
成功止血了！

①血管一旦受傷，血小板就會在傷口處聚集。

②血漿中的成分會分解出一種名為「纖維蛋白」的絲狀物質。

③纖維蛋白在傷口處結成絲網，纏住血小板和紅血球等，堵住傷口止血。

更有趣的知識

藍色血液的生物

烏賊和章魚等軟體動物，以及蝦子和螃蟹等節肢動物，在這些物種中有些動物血液是藍色的。這是因為牠們的血液中含有一種名為「血青素」的色素成分。

我們的血
不是紅色的

更認識自己

為什麼撞到頭會腫一個大包？

腫包（皮下血腫）簡單來說就是凝結的血塊。當頭部或額頭受到強力撞擊時，造成血管破裂，引起內出血，但因為頭部及額頭的皮膚下面就是骨頭，從血管中滲出的血液無法擴散，在皮膚下凝結成血塊，才會腫一個大包。

血液
腫起來了，

血管

血管是運送血液的管路，可將血液輸送至全身各部位，人體的血管可分為動脈、靜脈、微血管等三大類。

動脈負責將心臟輸出的血液送至全身，為了承受血液流動，動脈壁較厚。

靜脈負責將血液送回心臟，具有可防止血液逆流的瓣膜。

微血管是連接動脈與靜脈的細小血管，管壁由單層細胞構成。

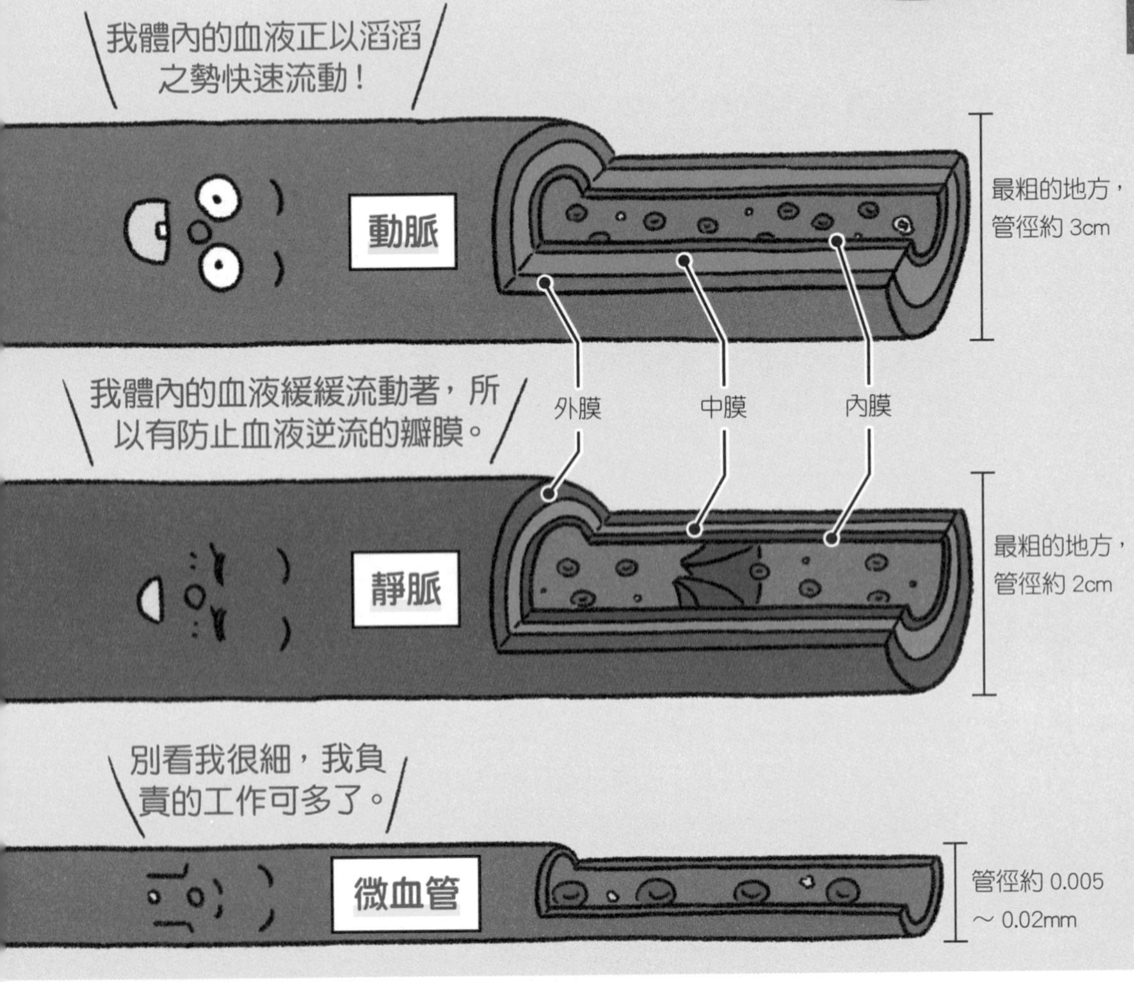
我體內的血液正以滔滔之勢快速流動！
動脈
最粗的地方，管徑約 3cm
外膜
中膜
內膜
我體內的血液緩緩流動著，所以有防止血液逆流的瓣膜。
靜脈
最粗的地方，管徑約 2cm
別看我很細，我負責的工作可多了。
微血管
管徑約 0.005 ～ 0.02mm

更詳細的說明

和細胞互動最多的其實是微血管

動脈和靜脈充其量只是血液的通道。供給細胞氧氣之類的重責大任，其實都是透過微血管進行的。

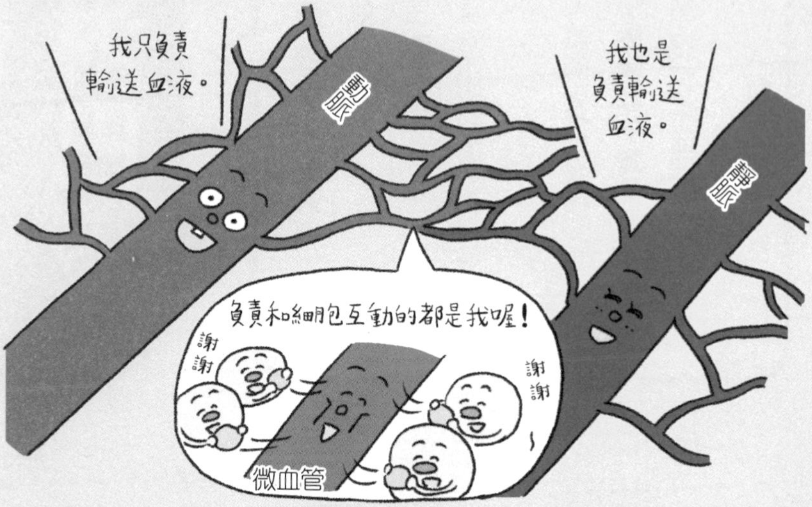
我只負責輸送血液。
動脈
我也是負責輸送血液。
靜脈
負責和細胞互動的都是我喔!
謝謝
謝謝
微血管

更認識自己

皮膚上看得到的血管

皮膚表面可以看到的血管只占整體的5%而已，而這些看得到的血管都是靜脈。動脈則位於更深層的地方，所以從表面是看不到的。此外，微血管因為過於細小，所以也看不到。

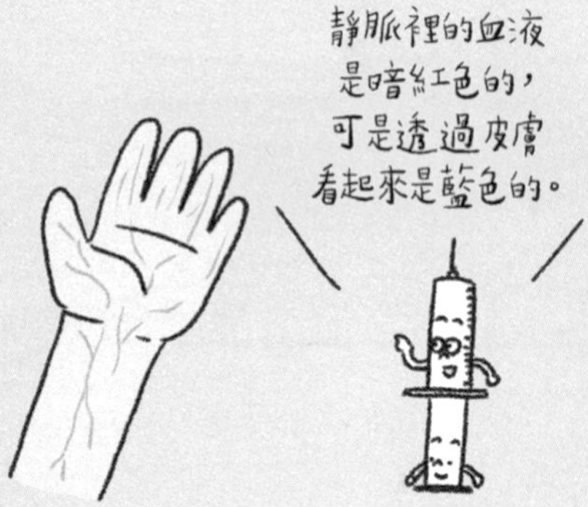
靜脈裡的血液是暗紅色的，可是透過皮膚看起來是藍色的。

更有趣的知識

血管的長度

如果將人體內的動脈、靜脈、微血管接成一條線，總長約 6000 公里※。臺灣本島長約 394 公里，換句話說，人體血管是臺灣本島的 15 倍長！

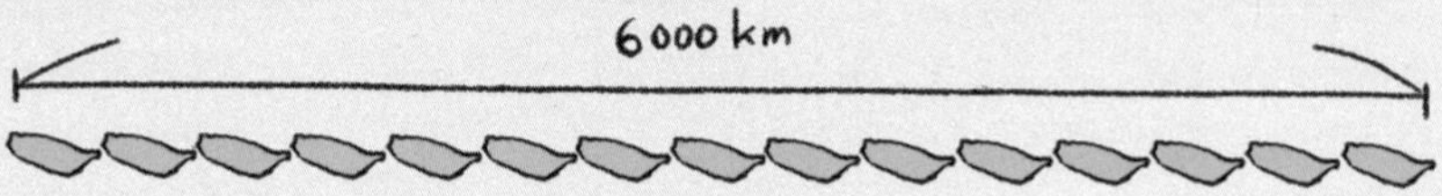
6000 km

※過去科學家認為血管總長度約為 10萬公里(可繞行地球 2周半)，現在下修為 6000公里。

淋巴管、淋巴液

淋巴管是身體運送淋巴液的管道，淋巴管就如同血管般遍布全身。
淋巴管主要有三大功能：

・回收從微血管滲出的部分組織液，避免身體水腫。
・淋巴球保衛人體的免疫※基地。
・運送脂肪（小腸吸收的營養素之一）。

此外，淋巴液中沒有紅血球，因此呈現淡黃色。

※關於「免疫」說明請看左頁下方。

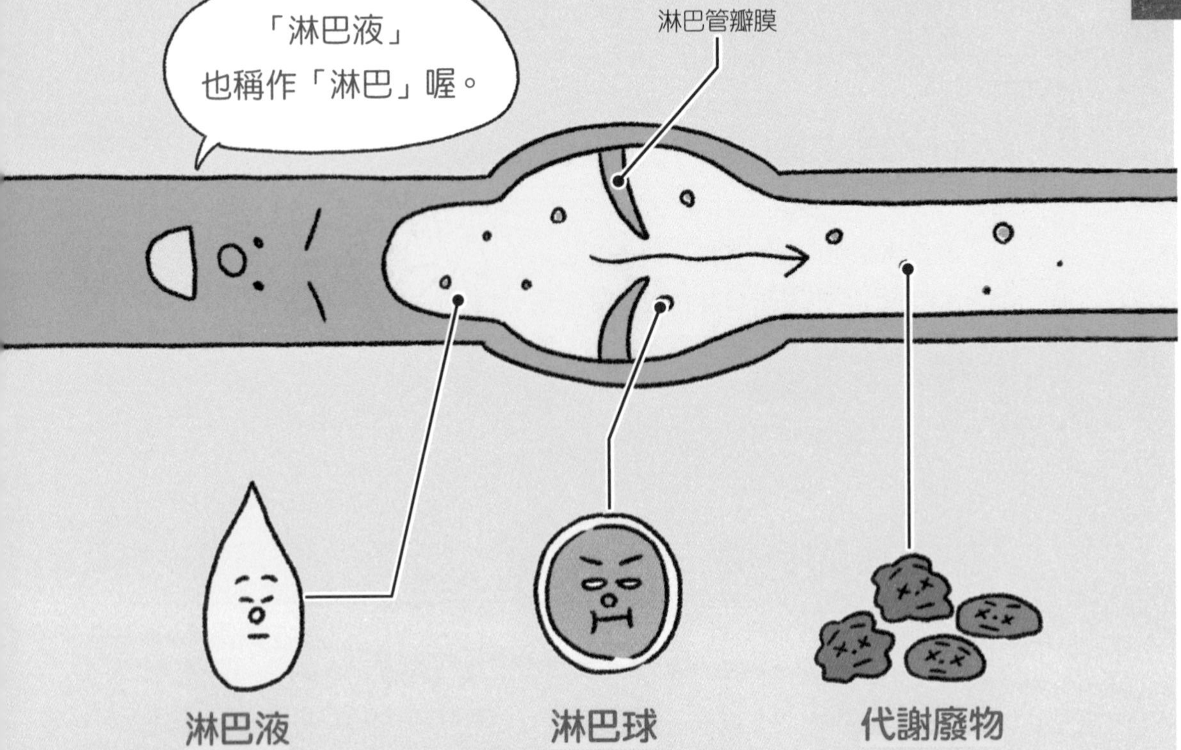
「淋巴液」
也稱作「淋巴」喔。
淋巴管瓣膜

淋巴液

微血管滲出的液體，成分等同血漿，經淋巴管吸收後成為淋巴液。

淋巴球

是白血球的一種。負責擊退入侵體內的細菌等病原體。

代謝廢物

老舊細胞和細胞代謝出的廢物等。

更詳細的說明①

微血管與淋巴管的關係

從微血管滲出的部分液體，會進入組織的細胞之間，成為組織液。這些液體會被淋巴管吸收，形成淋巴液。

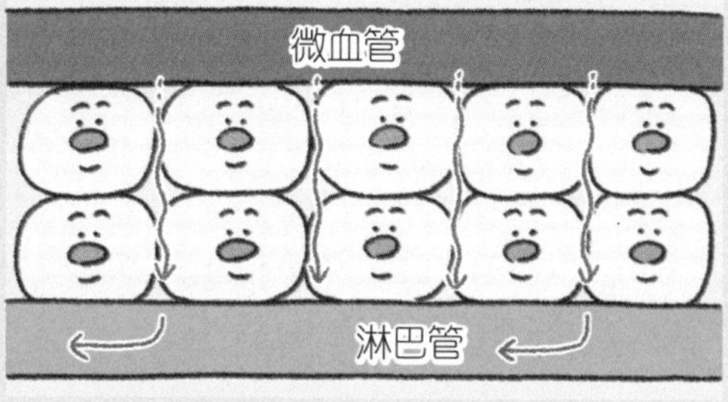
微血管
淋巴管

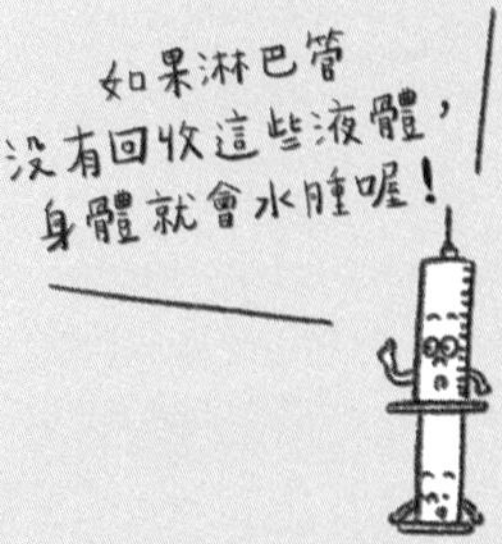
如果淋巴管
沒有回收這些液體，
身體就會水腫喔！

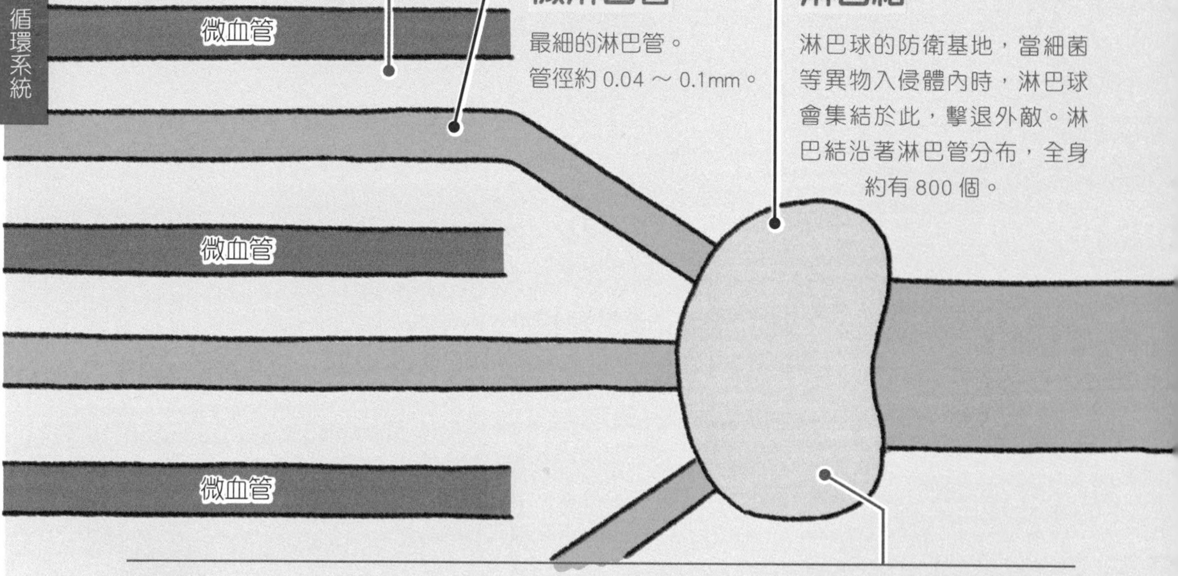
微血管
微血管
微血管

微淋巴管

最細的淋巴管。
管徑約 0.04 ～ 0.1mm。

淋巴結

淋巴球的防衛基地，當細菌等異物入侵體內時，淋巴球會集結於此，擊退外敵。淋巴結沿著淋巴管分布，全身約有 800 個。

更詳細的說明②

在淋巴結迎戰敵人！

當細菌等病原體入侵時，人體會啟動防禦機制排除外來異物。這種防禦機制就稱為免疫反應。淋巴球也是負責守護身體的防衛隊之一，當病原體入侵時，淋巴球就會聚集在淋巴結開戰。

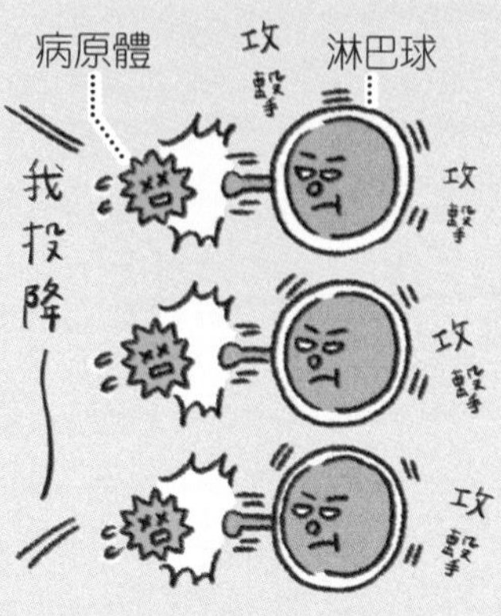
病原體
攻擊
淋巴球
我投降～
攻擊
攻擊
攻擊

針筒兄弟的原來如此專欄

文明病是什麼疾病？

「文明病」又稱「生活習慣病」，顧名思義是指過量飲食、過量飲酒、缺乏運動、吸菸或生活壓力等，長期不健康的生活習慣所引起的慢性病。這些慢性病以往是中老年人才容易罹患，但現代人因生活型態改變，近年來已出現疾病年輕化的趨勢。常見的文明病有下列幾種。

▼肥胖症：若缺乏運動，攝取的熱量大於消耗的熱量，多餘的熱量就會轉換成脂肪囤積在體內，久而久之就會造成肥胖。肥胖也是造成其他文明病的重大元凶，平常就要透過規律的運動，消耗體內多餘脂肪，預防肥胖症，才能遠離文明病。

▼高血壓：顧名思義指血壓過高（血壓：心臟收縮把血液輸送到血管時所測得的壓力）。血壓的正常值為收縮壓135mmHg以下、舒張壓85mmHg以下。當收縮壓高於140mmHg、舒張壓高於90mmHg時，則稱為高血壓。若長期處於高血壓的狀態，會使得動脈血管病變，導致動脈硬化，也容易因血栓造成血管阻塞，併發各種心臟或腦部疾病。

▼高血脂症：高血脂症是指血液中的LDL低密度脂蛋白（壞膽固醇）增加，HDL高密度脂蛋白（好膽固醇）減少。膽固醇是脂肪的一種，也是維持人體正常功能不可或缺的物質，但若血液中膽固醇的濃度太高，反而會引發各種疾病。好膽固醇能幫助運送血管中的壞膽固醇到肝臟加以清除，使血管暢通；若血液中的好膽固醇減少、壞膽固醇增加，久而久之就會損害血管，造成動脈硬化。

▼糖尿病：糖尿病分為自體免疫異常引起的「第一型糖尿病」，以及過量飲食和缺乏運動等不良生活習慣所引起的「第二型糖尿病」。不管哪一型糖尿病都會造成血糖過高，引發失明或手指、腳趾末端組織壞死等併發症。

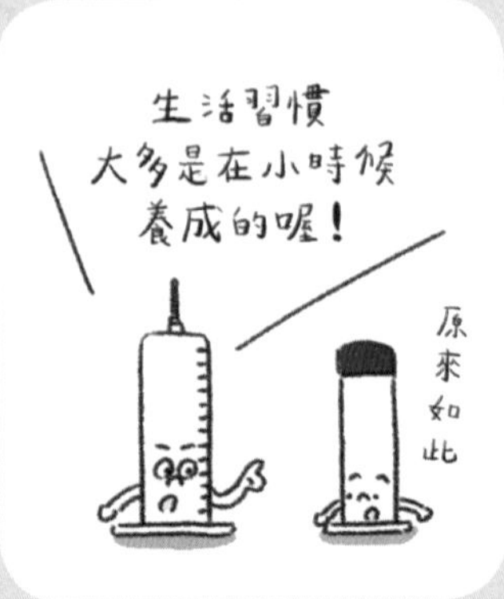

第五章

泌尿系統、生殖系統

腎臟／膀胱
男性生殖器官
女性生殖器官

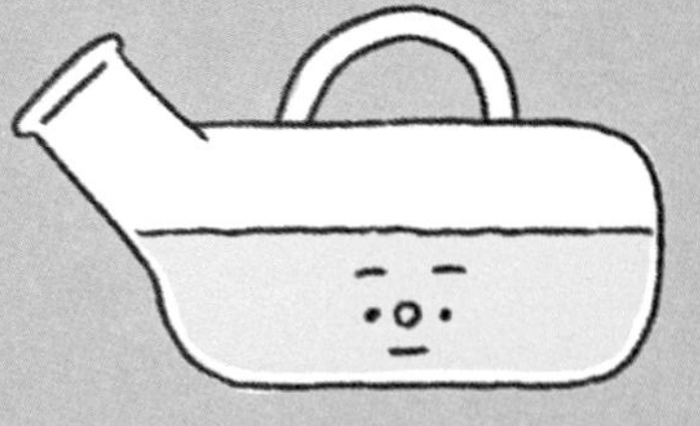

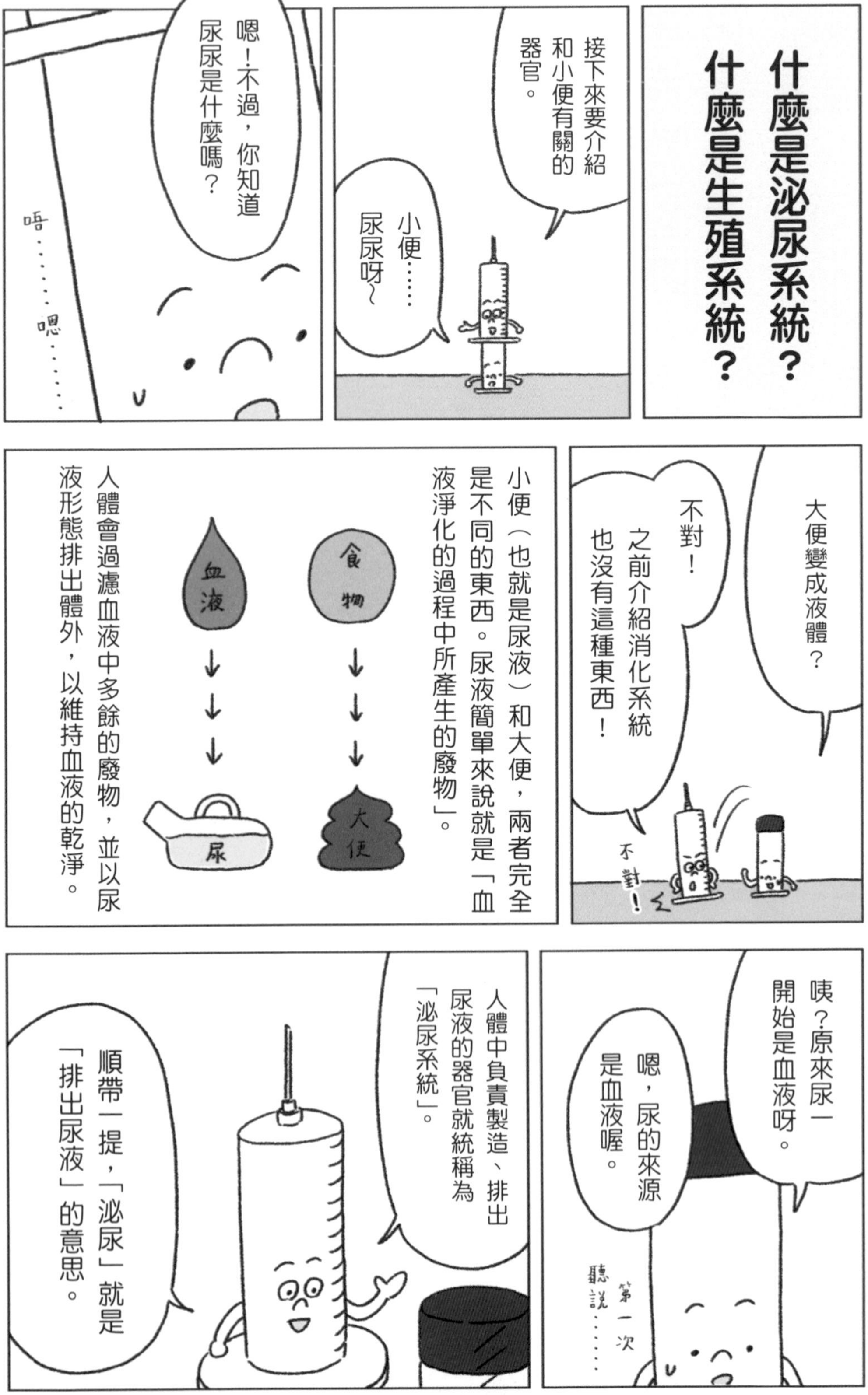
什麼是泌尿系統？什麼是生殖系統？
接下來要介紹和小便有關的器官。
小便……尿尿呀~
嗯！不過，你知道尿尿是什麼嗎？
唔……嗯……
大便變成液體？
不對！之前介紹消化系統也沒有這種東西！
不對！
小便（也就是尿液）和大便，兩者完全是不同的東西。尿液簡單來說就是「血液淨化的過程中所產生的廢物」。
食物
大便
血液
尿
人體會過濾血液中多餘的廢物，並以尿液形態排出體外，以維持血液的乾淨。
咦？原來尿一開始是血液呀。
嗯，尿的來源是血液喔。
第一次聽說……
人體中負責製造、排出尿液的器官就統稱為「泌尿系統」。
順帶一提，「泌尿」就是「排出尿液」的意思。

泌尿系統各器官的名稱及位置

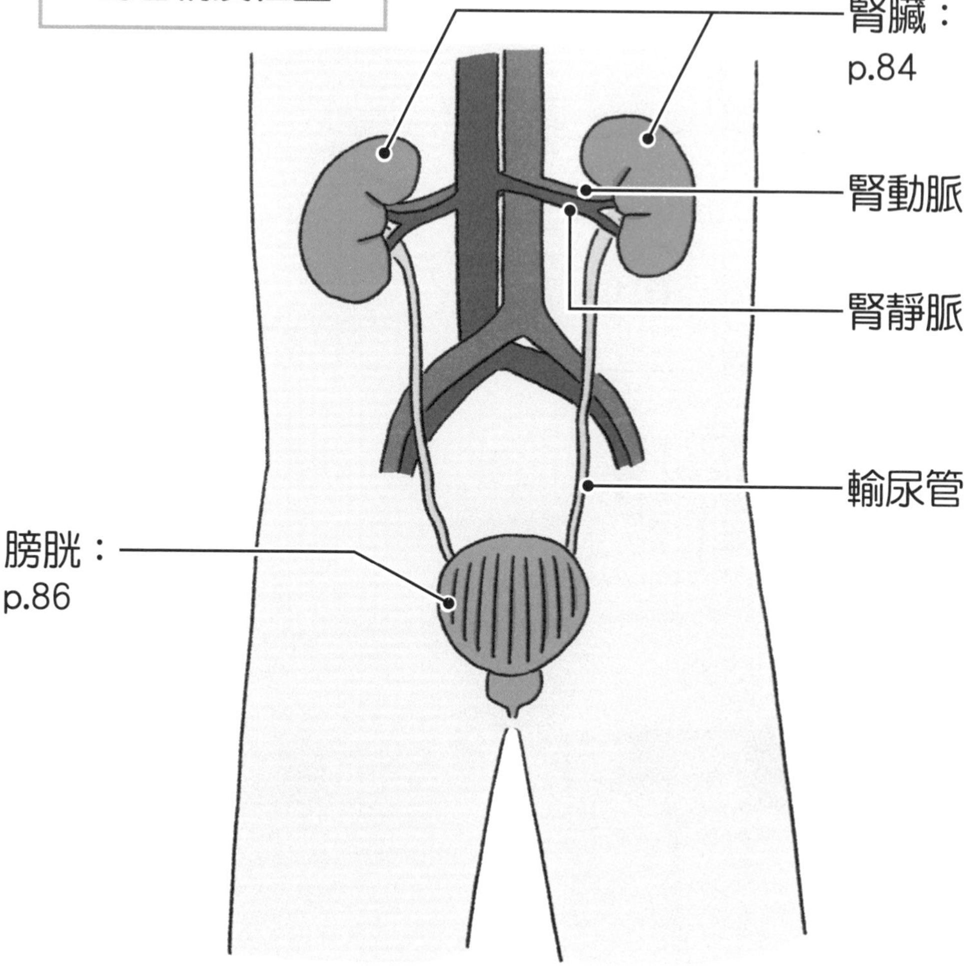
腎臟：
p.84
腎動脈
腎靜脈
輸尿管
膀胱：
p.86

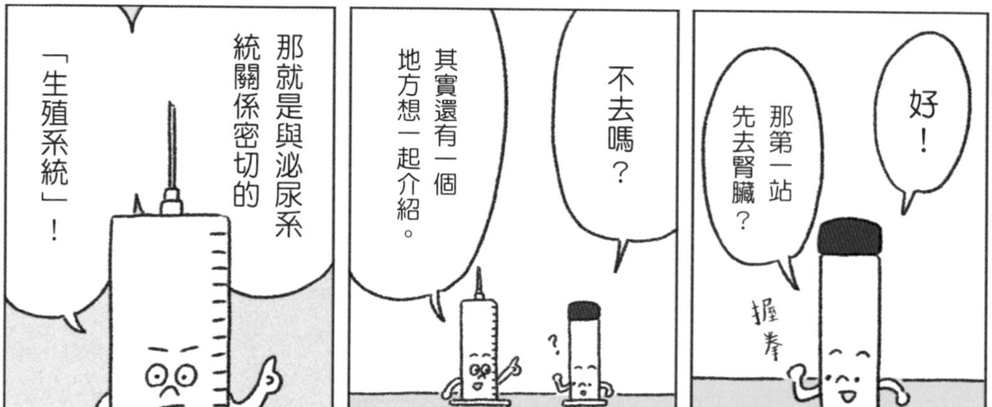
那第一站先去腎臟？
好！
握拳
不去嗎？
其實還有一個地方想一起介紹。
那就是與泌尿系統關係密切的「生殖系統」！

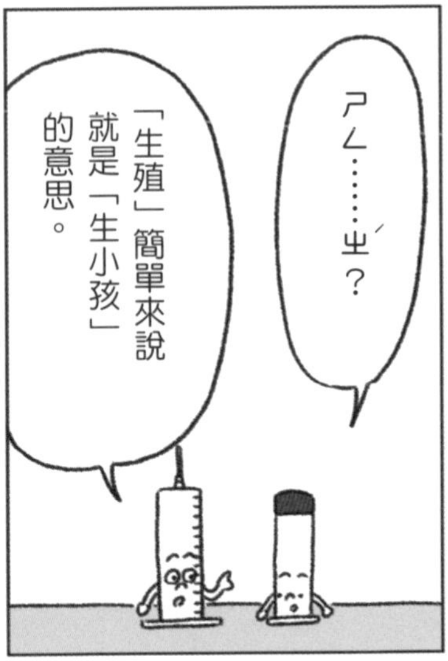
ㄕㄥ……ㄓˊ？
「生殖」簡單來說就是「生小孩」的意思。

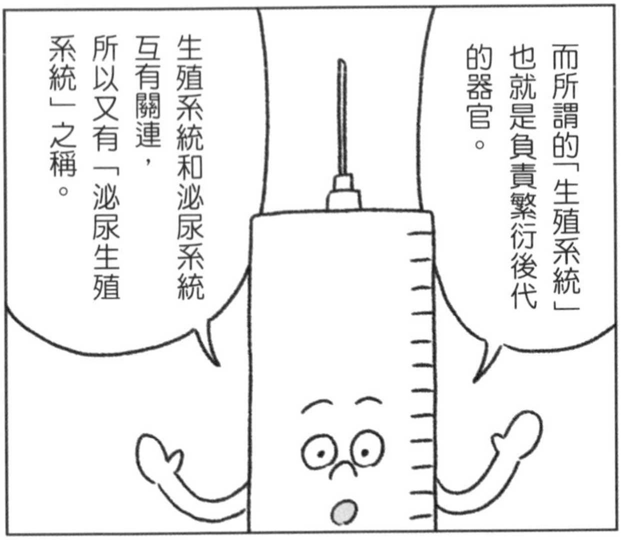
而所謂的「生殖系統」也就是負責繁衍後代的器官。
生殖系統和泌尿系統互有關連，所以又有「泌尿生殖系統」之稱。

生殖系統各器官的名稱及位置

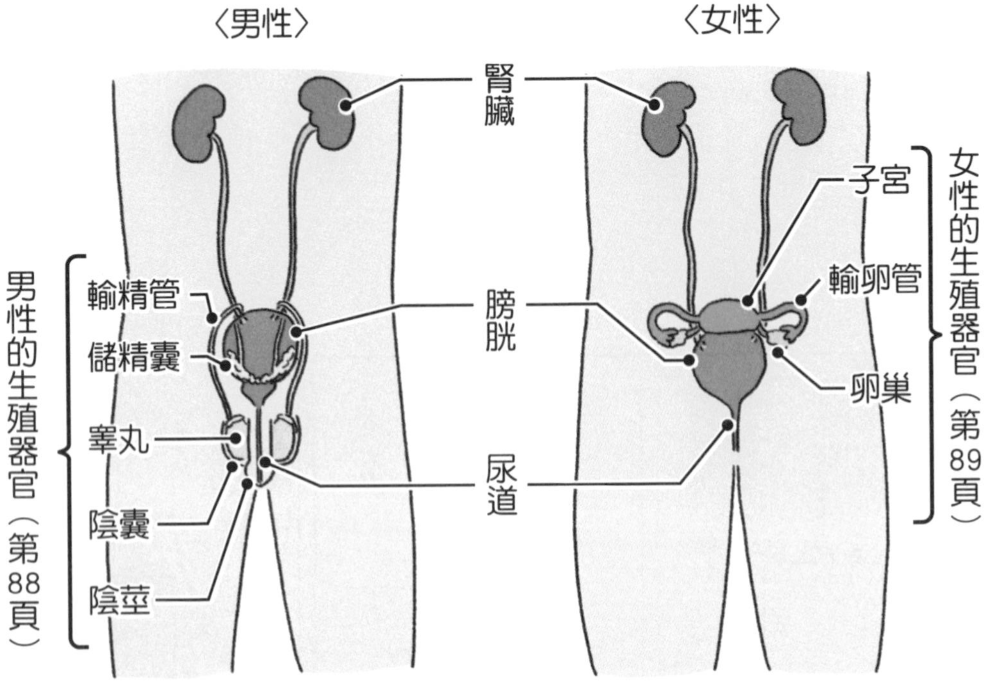
〈男性〉
〈女性〉
腎臟
膀胱
尿道
輸精管
儲精囊
睪丸
陰囊
陰莖
男性的生殖器官（第88頁）
子宮
輸卵管
卵巢
女性的生殖器官（第89頁）

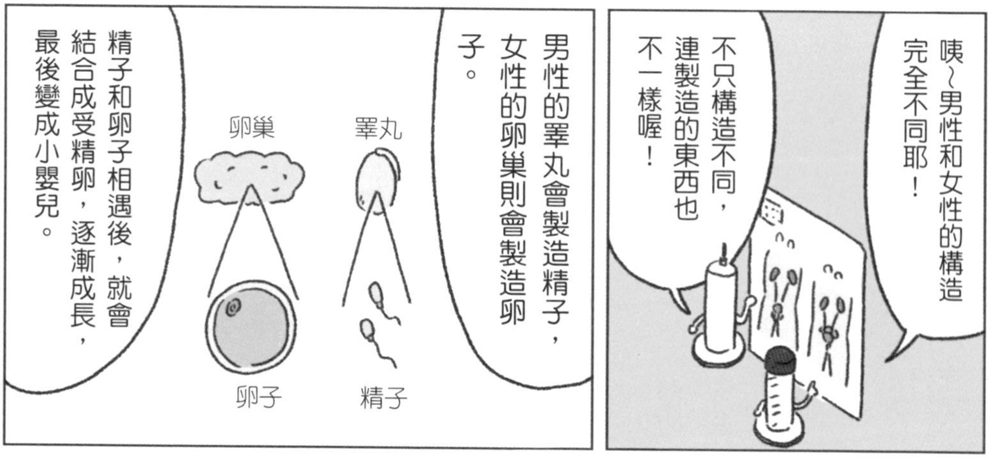
咦~男性和女性的構造完全不同耶！
不只構造不同，連製造的東西也不一樣喔！
男性的睪丸會製造精子，女性的卵巢則會製造卵子。
睪丸
卵巢
精子
卵子
精子和卵子相遇後，就會結合成受精卵，逐漸成長，最後變成小嬰兒。

從受精到嬰兒誕生

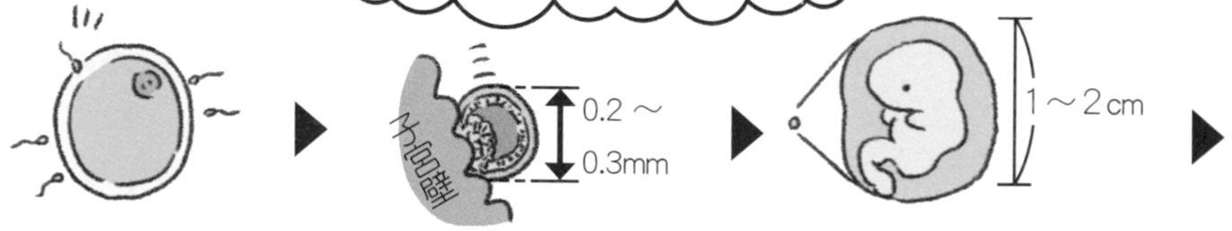
子宮壁
0.2～
0.3mm
1～2cm

①受精

卵子和精子在輸卵管內相遇，結合成受精卵。

②著床

受精卵一面進行細胞分裂、一面朝子宮移動，在子宮壁（內膜）上著床。

③受精後第 7 週

身體的基本構造大致成形，眼睛也開始產生色素。

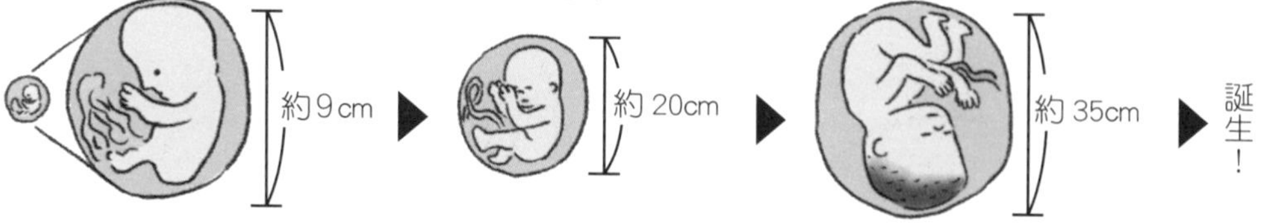
約 9cm
約 20cm
約 35cm
誕生！

④受精後第 14 週

胎兒已具有人形，也能確認到心跳。

⑤受精後第 22 週

內臟逐漸發育完成。可以看出胎兒性別。

⑥受精後第 40 週

胎兒發育完成，頭部轉向下方，隨時準備出生。

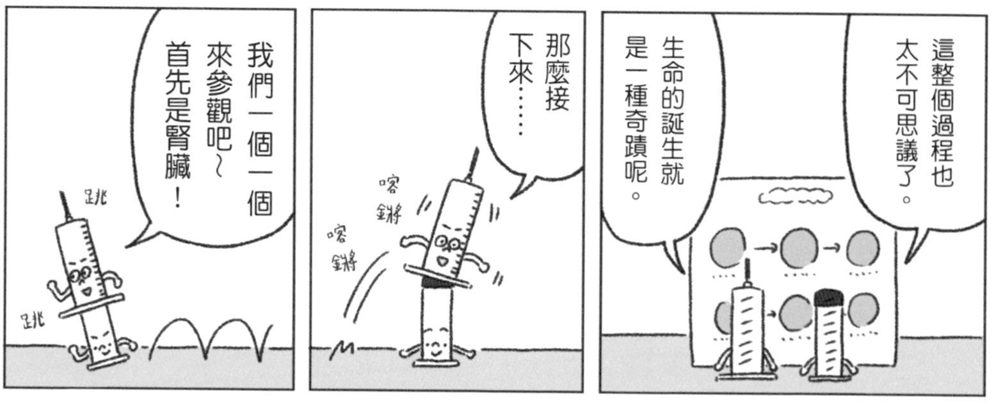
這整個過程也太不可思議了。
生命的誕生就是一種奇蹟呢。
那麼接下來……
喀鏘
喀鏘
我們一個一個來參觀吧~首先是腎臟！
跳
跳

腎臟

腎臟位於後背的腰部上方附近，左右各一，形似蠶豆。腎臟約拳頭般大小，左右兩腎的重量合計約二百五十公克。

腎臟最主要的功能是過濾及清除血液中的廢物，並形成尿液排出體外。每分鐘約有多達一公升的血液（相當於全身百分之二十的血液量）流入腎臟，腎臟濾除這些血液中的老舊廢物，以維持血液的乾淨。

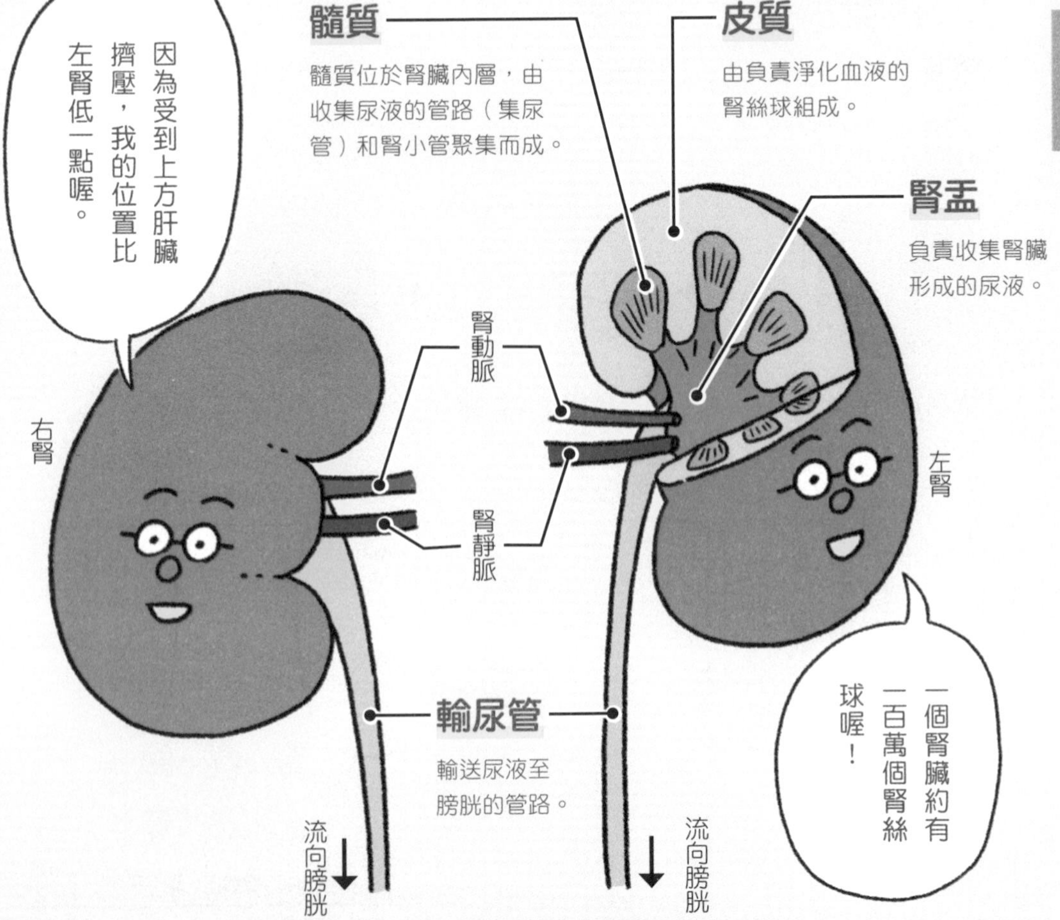

因為受到上方肝臟擠壓，我的位置比左腎低一點喔。
髓質
髓質位於腎臟內層，由收集尿液的管路（集尿管）和腎小管聚集而成。
皮質
由負責淨化血液的腎絲球組成。
腎盂
負責收集腎臟形成的尿液。
右腎
腎動脈
腎靜脈
左腎
輸尿管
輸送尿液至膀胱的管路。
流向膀胱
流向膀胱
一個腎臟約有一百萬個腎絲球喔！

尿液的製造過程

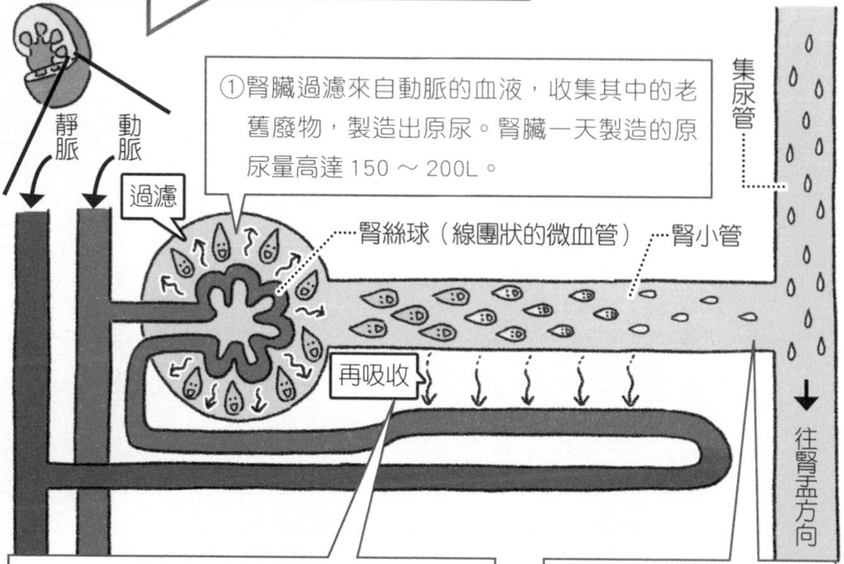

靜脈
動脈
過濾
腎絲球（線團狀的微血管）
腎小管
再吸收
集尿管
往腎盂方向

①腎臟過濾來自動脈的血液，收集其中的老舊廢物，製造出原尿。腎臟一天製造的原尿量高達 150 ～ 200L。

②原尿中含有大量人體所需的成分（水和葡萄糖等），因此在通過腎小管時，血液會再吸收其中的所需物質。濃縮後的尿液，只剩原尿量的 1% 以下。

③濃縮後的尿液被送往集尿管。腎臟每天製造 1 ～ 1.5L 的尿液。

尿液大小事

尿液的成分

- 水 95%
- 固體成分 5%
  - 尿素（蛋白質分解後的代謝物）
  - 鹽類
  - 尿酸（細胞的代謝廢物）
  - 氨（尿液臭味的來源）

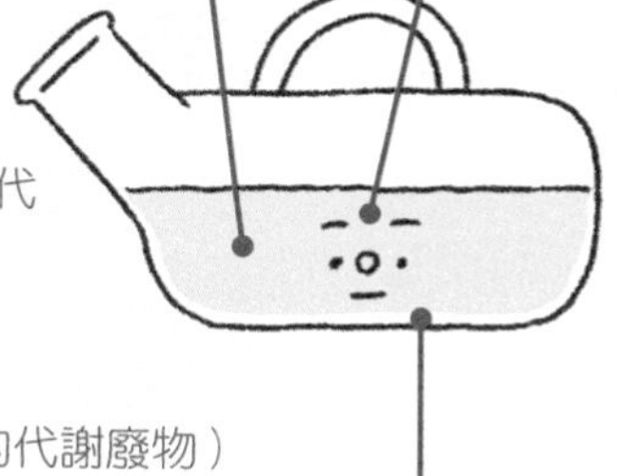

為什麼尿是黃色？

因為尿液中含有黃色的尿膽素。尿膽素是由大便顏色來源的「膽紅素」轉化而來。換句話說，尿液和大便的顏色來自相同成分。

一天的排尿量？

- 1 天約 1 ～ 1.5L
- 1 天排尿 5 ～ 7 次

更詳細的說明

泌尿系統

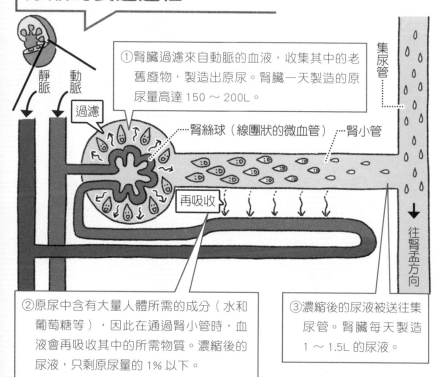

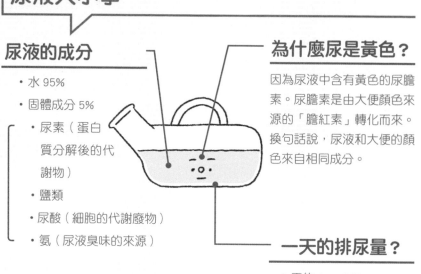

膀胱

膀胱是一個具有伸縮性的袋狀器官，負責暫時儲存腎臟製造的尿液，最大容量約為六百毫升。膀胱壁由肌肉構成，當尿液排空時，膀胱壁的厚度約為一公分；當尿液儲滿時，膀胱壁會撐大變薄，厚度僅剩三毫米左右。

男性的膀胱下方，尿道的外圍有前列腺。男性上了年紀之後，前列腺會肥大，壓迫到尿道，使排尿變得不順暢。

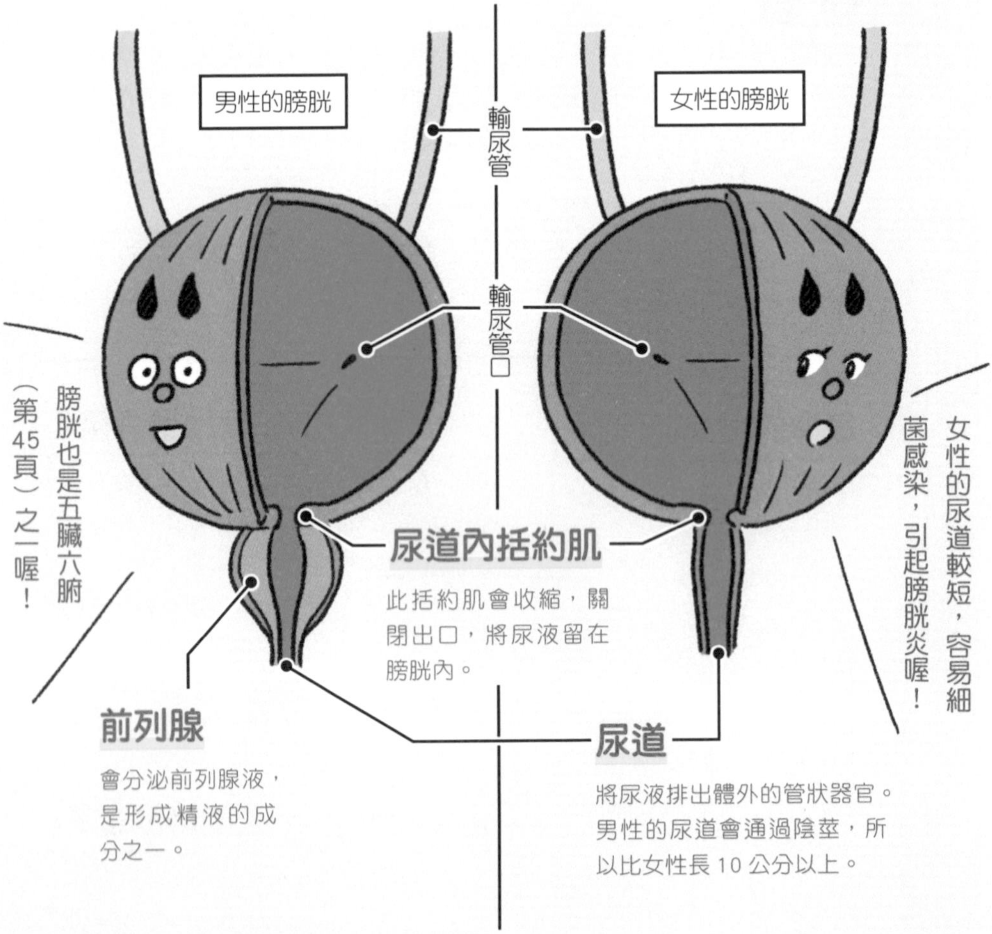
男性的膀胱
女性的膀胱
輸尿管
輸尿管口
膀胱也是五臟六腑（第45頁）之一喔！
女性的尿道較短，容易細菌感染，引起膀胱炎喔！
尿道內括約肌
此括約肌會收縮，關閉出口，將尿液留在膀胱內。
前列腺
會分泌前列腺液，是形成精液的成分之一。
尿道
將尿液排出體外的管狀器官。男性的尿道會通過陰莖，所以比女性長10公分以上。

膀胱積存的尿液量所產生的各種尿意※

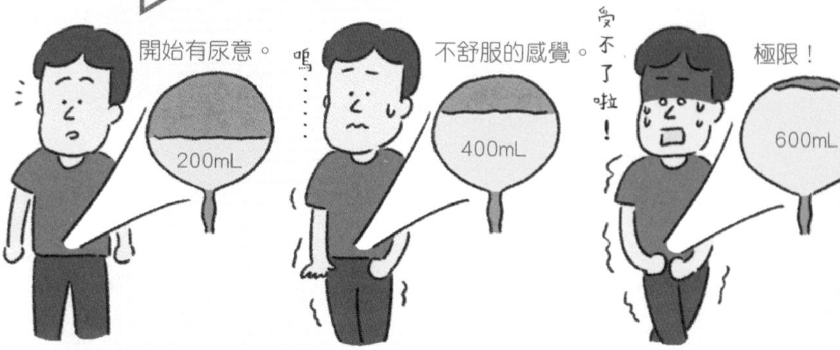
開始有尿意。
200mL
嗚……
不舒服的感覺。
400mL
受不了啦！
極限！
600mL

※想尿尿的感覺

排尿的機制

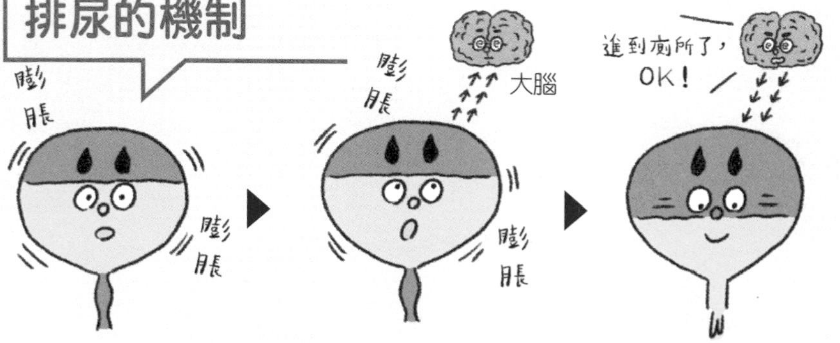
膨脹
膨脹
膨脹
大腦
膨脹
進到廁所了，
OK！

①存在膀胱裡的尿液，逐漸將膀胱壁撐大。

②受刺激的膀胱壁將訊息傳到大腦，開始產生尿意。

③大腦判斷可以排尿後，下達指令放鬆括約肌，進行排尿。

男女的差異

女性的膀胱上方就是子宮，由於受到子宮壓迫，膀胱容量會比男性略小一些，女性也因此更容易產生尿意。

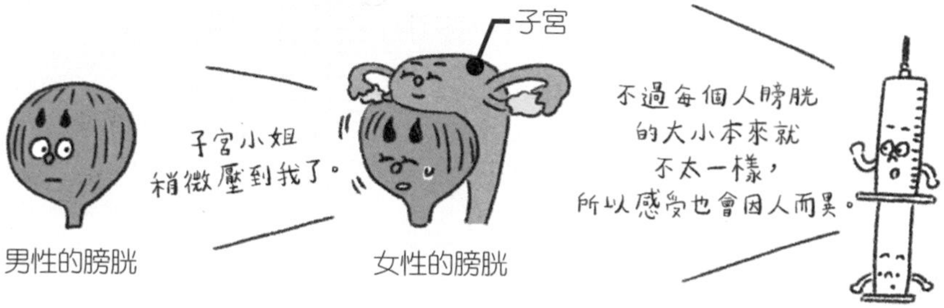
子宮
子宮小姐
稍微壓到我了。
不過每個人膀胱
的大小本來就
不太一樣，
所以感受也會因人而異。
男性的膀胱
女性的膀胱

男性生殖器

男性的生殖器官由體外的陰莖、陰囊，以及體內的輸精管等部位構成。

睪丸製造的精子會沿著輸精管，通過膀胱後方的輸精管壺腹，再通過前列腺，並在途中與儲精囊、前列腺和尿道球腺的分泌液混合形成精液，最後經由尿道射出體外，這個過程就稱為「射精」。

更詳細的說明

關於精子

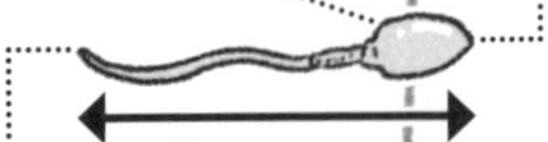

承載著遺傳訊息的DNA。
內含溶解酵素，可溶解卵子的外膜。
約 0.06mm
擺動「鞭毛」以推動精子前進。

1 天可製造約 3000 萬個精子。

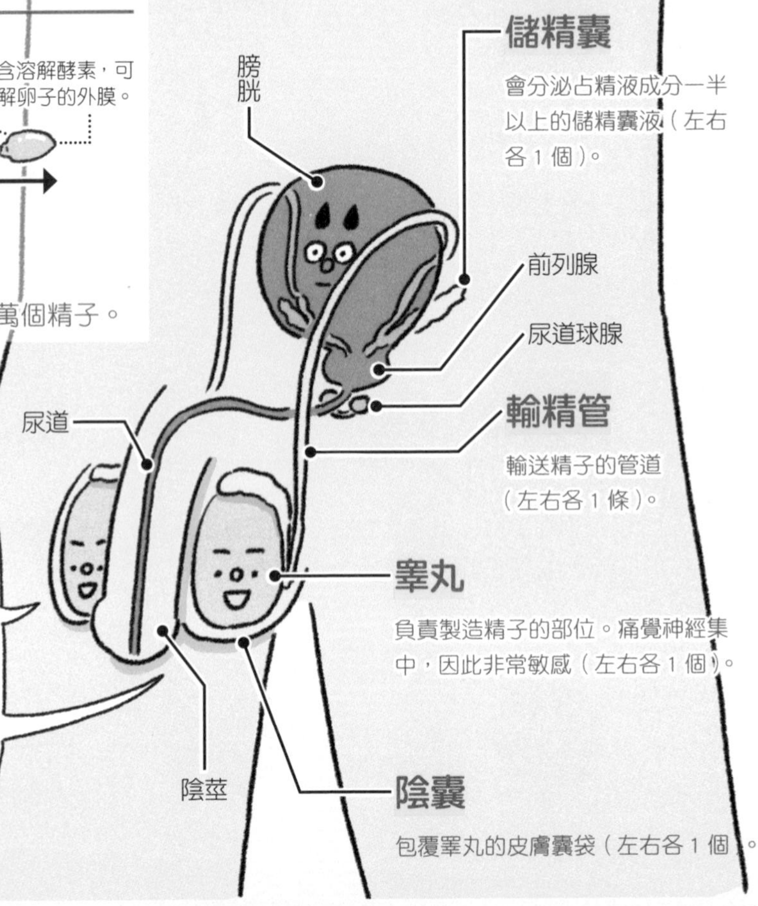

膀胱
儲精囊
會分泌占精液成分一半以上的儲精囊液（左右各 1 個）。
前列腺
尿道球腺
輸精管
輸送精子的管道（左右各 1 條）。
尿道
睪丸
負責製造精子的部位。痛覺神經集中，因此非常敏感（左右各 1 個）。
陰莖
陰囊
包覆睪丸的皮膚囊袋（左右各 1 個）。
最適合精子生長發育的溫度略低於體溫，所以我們才會垂掛在體外喔！

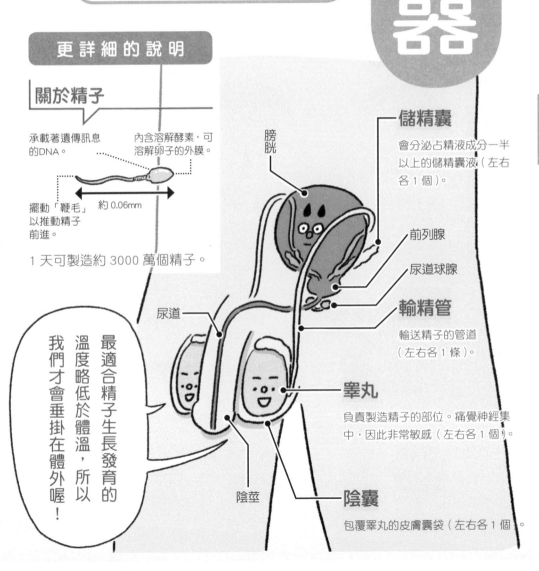

女性生殖器

女性生殖器官大部分都位於骨盆腔內，由卵巢、子宮、輸卵管和陰道等部位構成。

卵巢排卵時，輸卵管繖部會將卵子抓進輸卵管中。在輸卵管的輸送下，卵子慢慢朝向子宮移動，若在移動途中與精子相遇，就會結合成受精卵。受精卵抵達子宮後，附著於子宮壁，即所謂的「著床」。

更詳細的說明

關於卵子

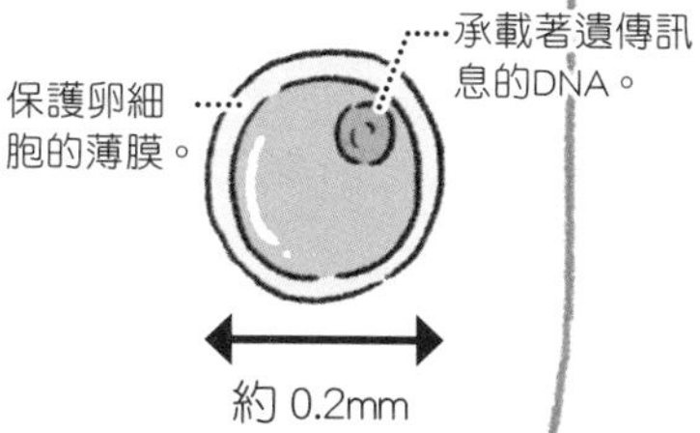
承載著遺傳訊息的DNA。
保護卵細胞的薄膜。
約 0.2mm

每 28 ～ 30 天排出 1 顆卵子。

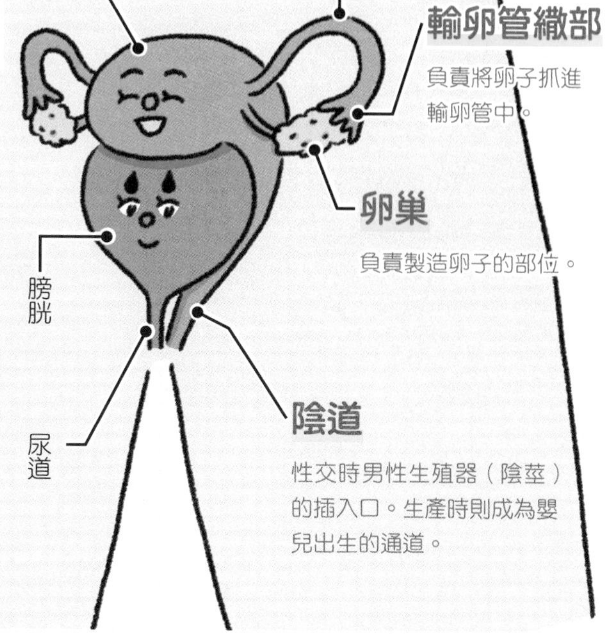
子宮
受精卵發育成胎兒的地方。
輸卵管
將卵子從卵巢運送到子宮的管路，也是精子和卵子相遇的地方（左右各 1 條）。
輸卵管繖部
負責將卵子抓進輸卵管中。
卵巢
負責製造卵子的部位。
膀胱
尿道
陰道
性交時男性生殖器（陰莖）的插入口。生產時則成為嬰兒出生的通道。
我原本只有雞蛋般大小，懷孕之後會跟著寶寶一起漸漸變大喔。

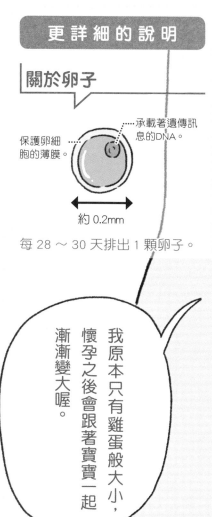

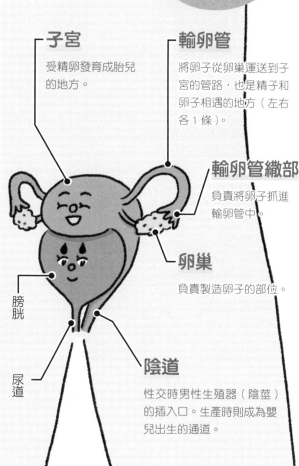

男生或女生

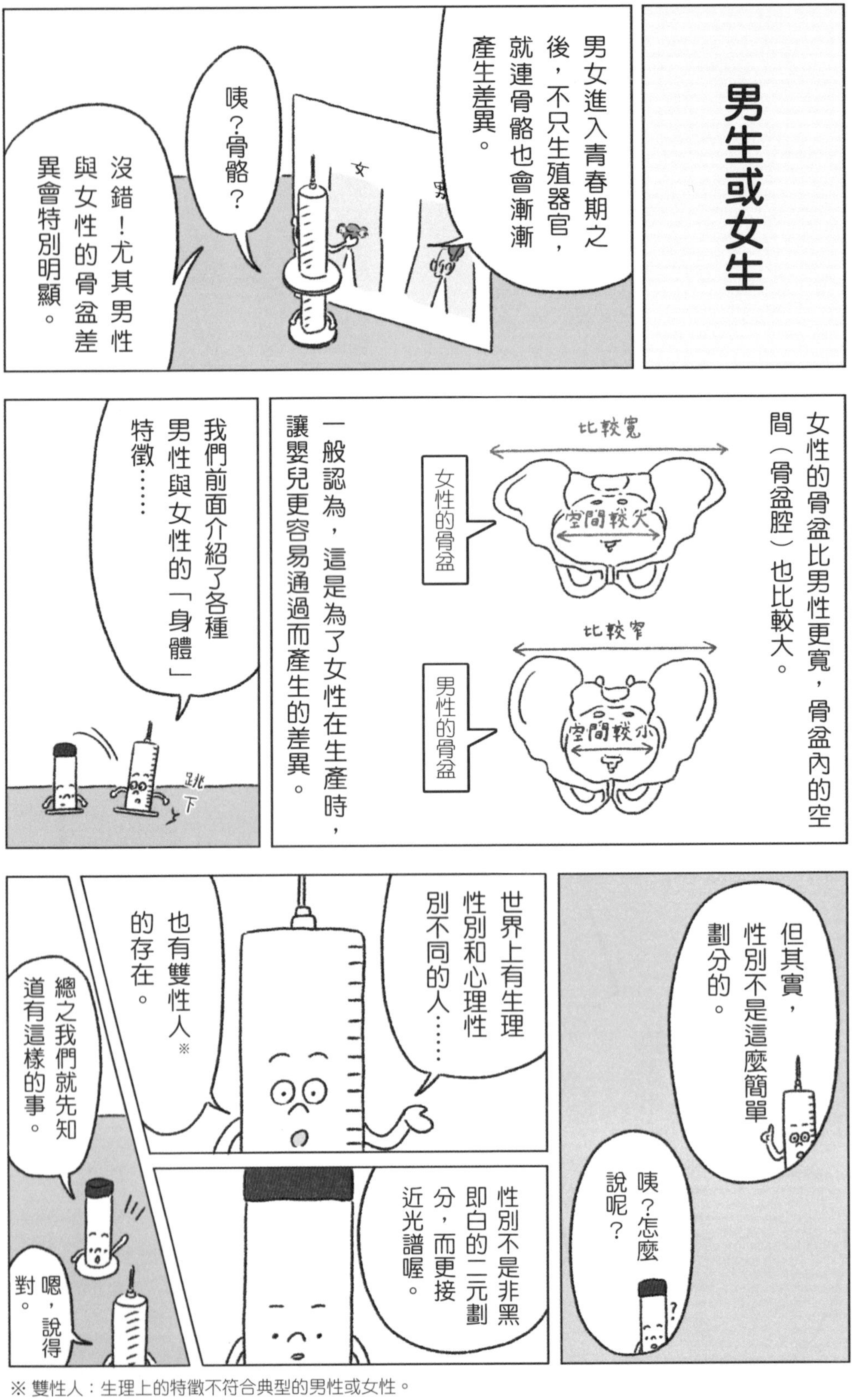
男女進入青春期之後，不只生殖器官，就連骨骼也會漸漸產生差異。
女
男
咦？骨骼？
沒錯！尤其男性與女性的骨盆差異會特別明顯。
女性的骨盆比男性更寬，骨盆內的空間（骨盆腔）也比較大。
比較寬
女性的骨盆
空間較大
比較窄
男性的骨盆
空間較小
一般認為，這是為了女性在生產時，讓嬰兒更容易通過而產生的差異。
我們前面介紹了各種男性與女性的「身體」特徵……
跳下
但其實，性別不是這麼簡單劃分的。
咦？怎麼說呢？
世界上有生理性別和心理性別不同的人……
也有雙性人※的存在。
性別不是非黑即白的二元劃分，而更接近光譜喔。
總之我們就先知道有這樣的事。
嗯，說得對。

※ 雙性人：生理上的特徵不符合典型的男性或女性。

第六章

神經系統

腦／脊髓／周邊神經

什麼是神經系統？

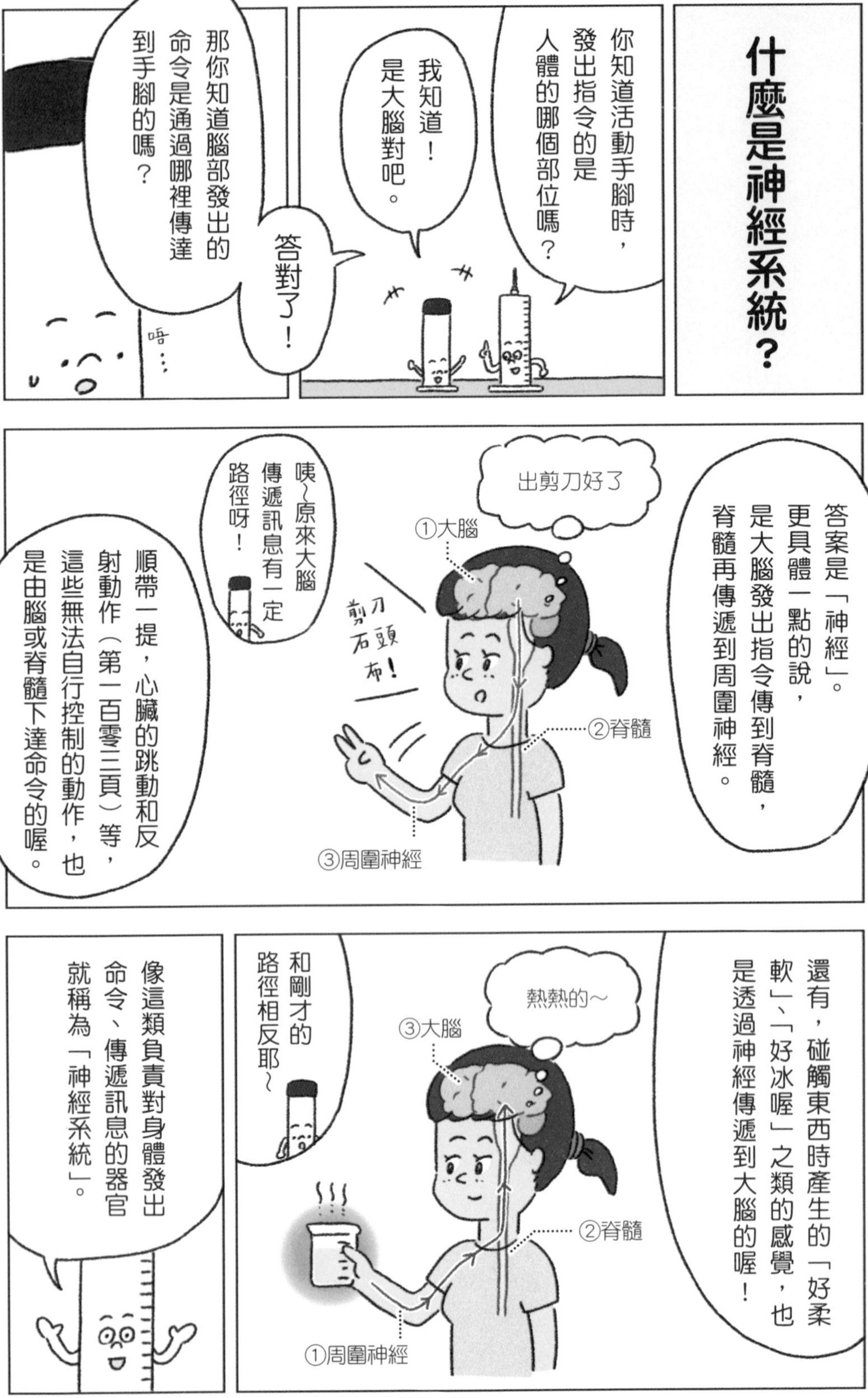

你知道活動手腳時，發出指令的是人體的哪個部位嗎？
我知道！是大腦對吧。
答對了！
那你知道腦部發出的命令是通過哪裡傳達到手腳的嗎？
唔…
答案是「神經」。更具體一點的說，是大腦發出指令傳到脊髓，脊髓再傳遞到周圍神經。
出剪刀好了
①大腦
②脊髓
③周圍神經
剪刀石頭布！
咦～原來大腦傳遞訊息有一定路徑呀！
順帶一提，心臟的跳動和反射動作（第一百零三頁）等，這些無法自行控制的動作，也是由腦或脊髓下達命令的喔。
還有，碰觸東西時產生的「好柔軟」、「好冰喔」之類的感覺，也是透過神經傳遞到大腦的喔！
熱熱的～
③大腦
②脊髓
①周圍神經
和剛才的路徑相反耶～
像這類負責對身體發出命令、傳遞訊息的器官就稱為「神經系統」。

神經系統的名稱及位置

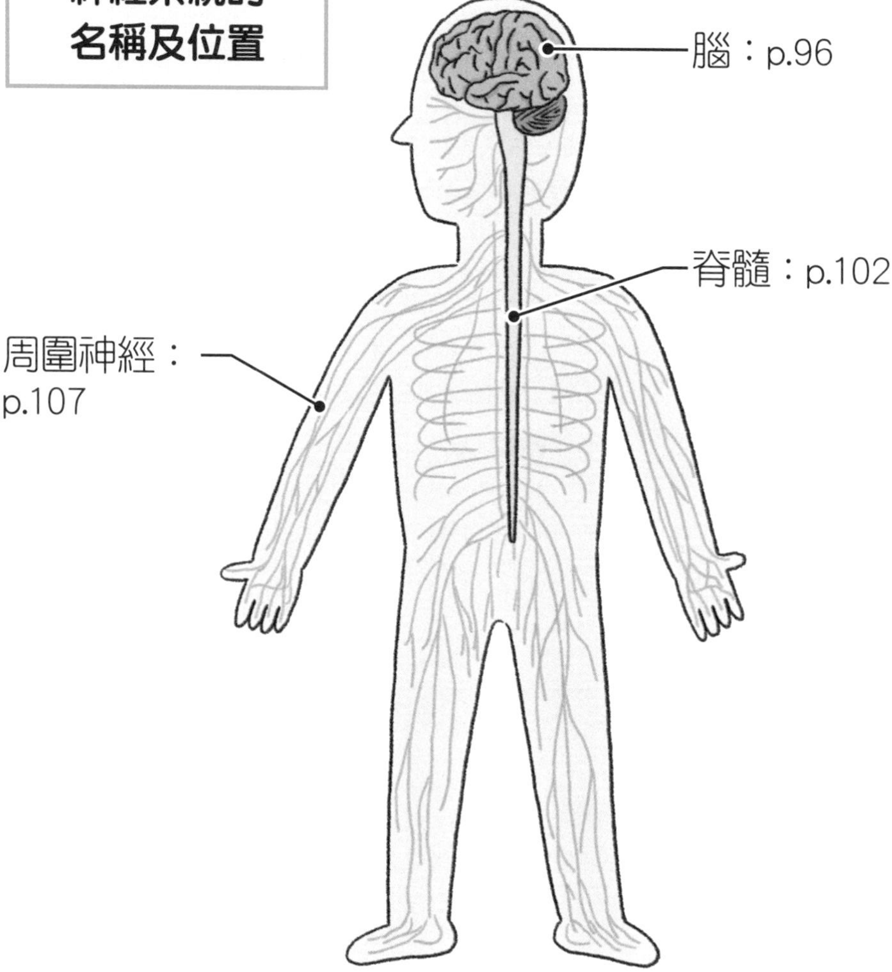

腦：p.96
脊髓：p.102
周圍神經：p.107

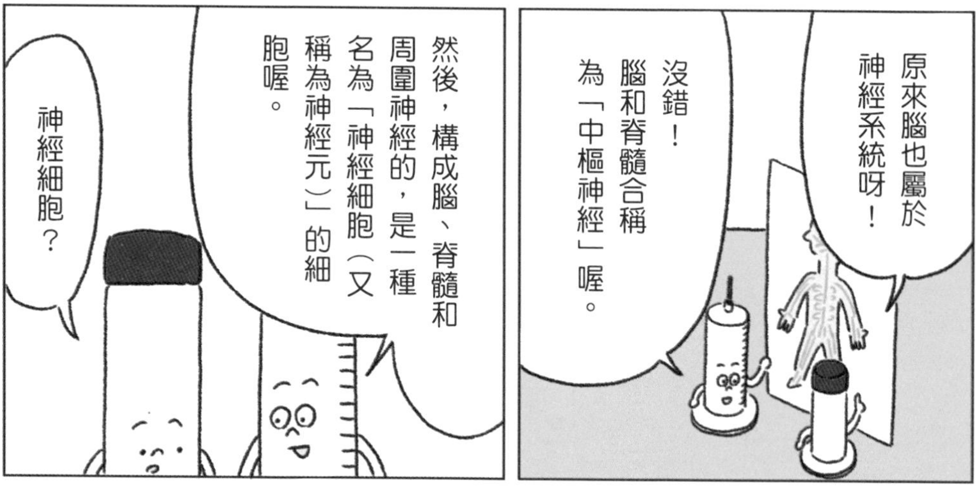

原來腦也屬於神經系統呀！
沒錯！腦和脊髓合稱為「中樞神經」喔。
然後，構成腦、脊髓和周圍神經的，是一種名為「神經細胞（又稱為神經元）」的細胞喔。
神經細胞？

神經細胞（神經元 neuron）

神經細胞是由星形的「細胞本體」，和細胞本體延伸出的長長突起「軸突」所組成，神經細胞之間是透過電流訊號來傳遞訊息。舉例來說，當手碰觸到東西時，皮膚接收的刺激轉為電流訊號，此電流訊號會透過神經細胞之間傳遞，最後傳送到大腦。而電流訊號的傳遞速度最快可達時速360km以上。

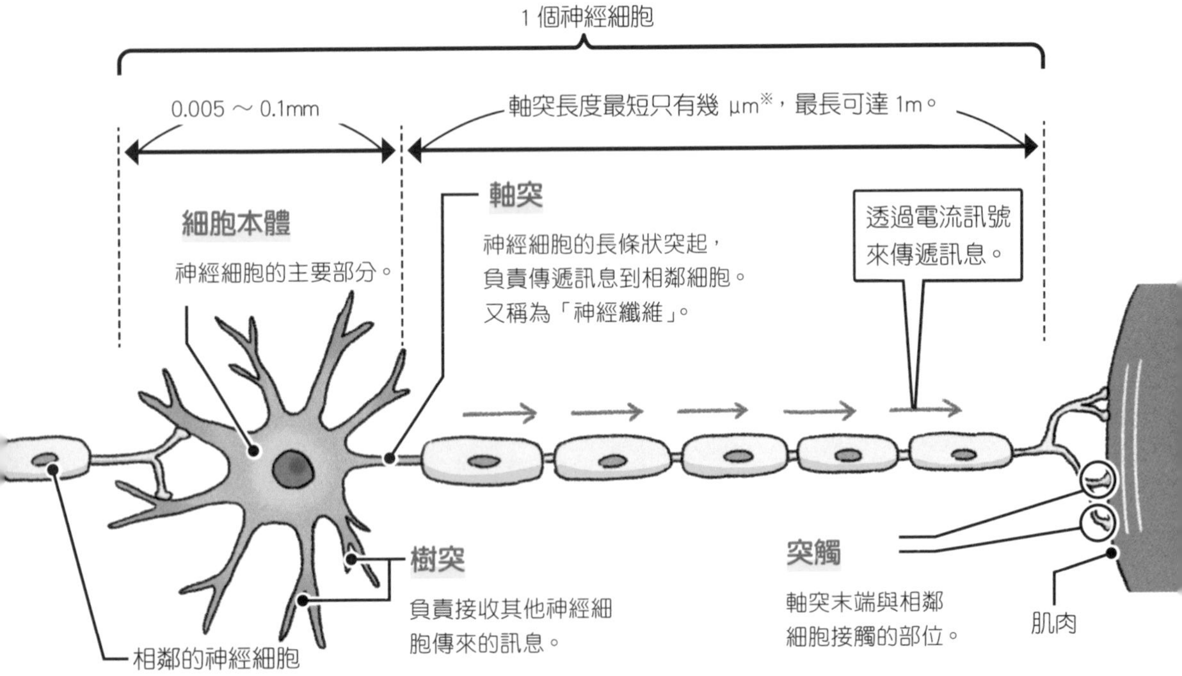

1 個神經細胞
0.005 ～ 0.1mm
軸突長度最短只有幾 μm※，最長可達 1m。
細胞本體
神經細胞的主要部分。
軸突
神經細胞的長條狀突起，
負責傳遞訊息到相鄰細胞。
又稱為「神經纖維」。
透過電流訊號
來傳遞訊息。
樹突
負責接收其他神經細
胞傳來的訊息。
突觸
軸突末端與相鄰
細胞接觸的部位。
肌肉
相鄰的神經細胞

※1 μm ＝ 1/1000 mm

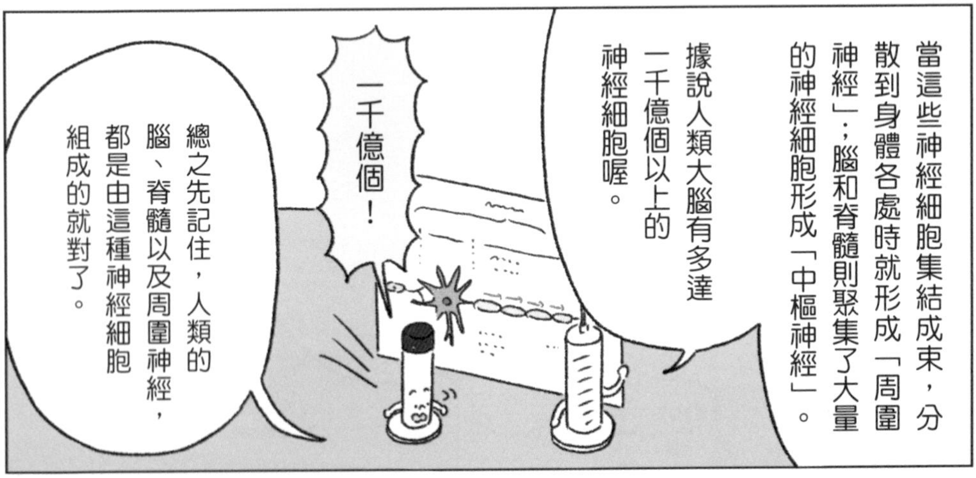

當這些神經細胞集結成束，分散到身體各處時就形成「周圍神經」，腦和脊髓則聚集了大量的神經細胞形成「中樞神經」。
據說人類大腦有多達一千億個以上的神經細胞喔。
一千億個！
總之先記住，人類的腦、脊髓以及周圍神經，都是由這種神經細胞組成的就對了。

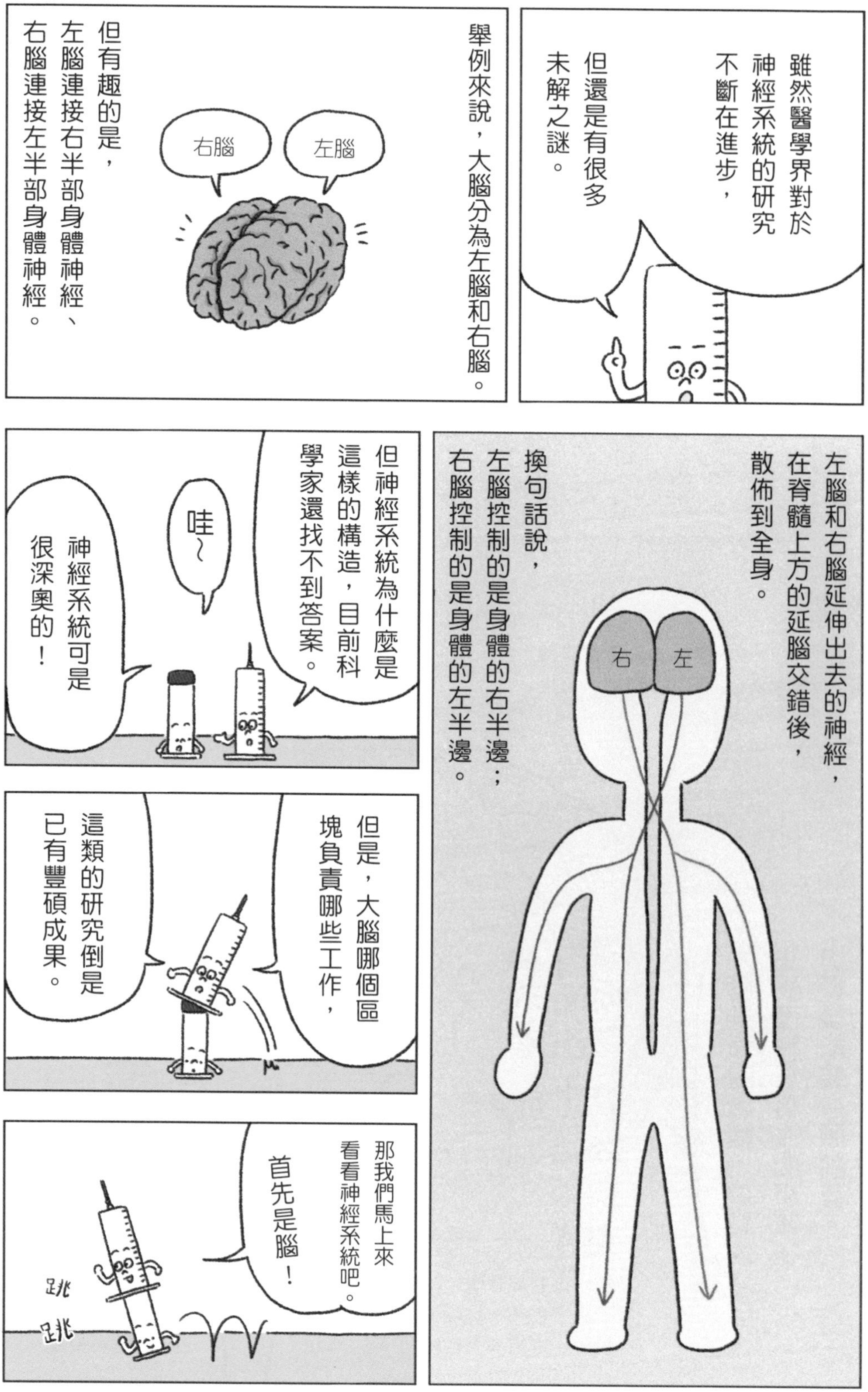
雖然醫學界對於神經系統的研究不斷在進步，
但還是有很多未解之謎。
舉例來說，大腦分為左腦和右腦。
左腦
右腦
但有趣的是，左腦連接右半部身體神經、右腦連接左半部身體神經。
左腦和右腦延伸出去的神經，在脊髓上方的延腦交錯後，散佈到全身。
換句話說，左腦控制的是身體的右半邊；右腦控制的是身體的左半邊。
左
右
但神經系統為什麼是這樣的構造，目前科學家還找不到答案。
哇～
神經系統可是很深奧的！
但是，大腦哪個區塊負責哪些工作，
這類的研究倒是已有豐碩成果。
那我們馬上來看看神經系統吧。
首先是腦！
跳
跳

腦

腦是受到顱骨保護的重要器官，大致可分為大腦、小腦、腦幹等三個部分。腦的質地如豆腐般柔軟，重量約一點三公斤。腦不僅掌管記憶、情緒、判斷等心理活動，還負責維持體溫與呼吸，調節免疫系統等，是維持生命機能的重要器官。除此之外，腦也是體內最需要血液的器官，從心臟送出的血液中，約有百分之二十會被送到腦部。

大腦

約占腦部80%的體積，表面布滿皺褶。掌管思考、語言、記憶等人類生存不可或缺的重要功能。

大腦縱裂

將大腦分為左、右兩個半球的深溝。

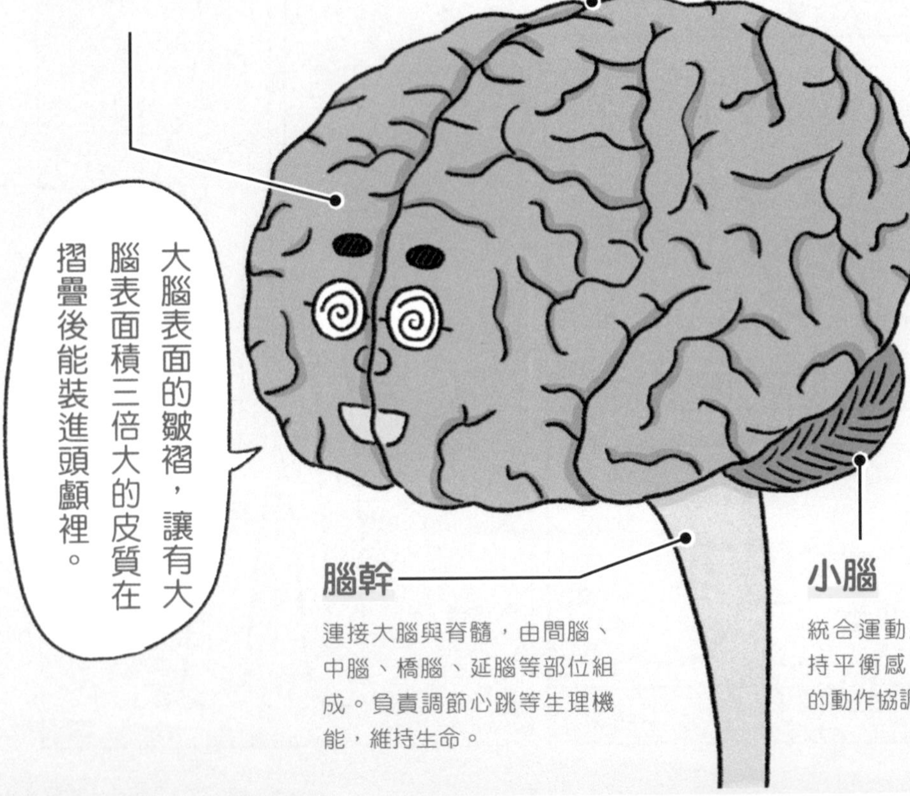

大腦表面的皺褶，讓有大腦表面積三倍大的皮質在摺疊後能裝進頭顱裡。

腦幹

連接大腦與脊髓，由間腦、中腦、橋腦、延腦等部位組成。負責調節心跳等生理機能，維持生命。

小腦

統合運動系統，維持平衡感，使身體的動作協調順暢。

更詳細的說明①

腦的剖面圖

腦的構造好複雜喔～

大腦皮質(大腦)

大腦的表層。掌管語言、記憶、創造等各種功能(詳細請看下頁解說)。

視丘(腦幹)

除了嗅覺之外，所有的感覺都會通過視丘，再傳送到大腦皮質。

胼胝體(大腦)

連結左右大腦半球的部位。

下視丘(腦幹)

調節內臟活動和內分泌等機能，維持穩定的體內環境。

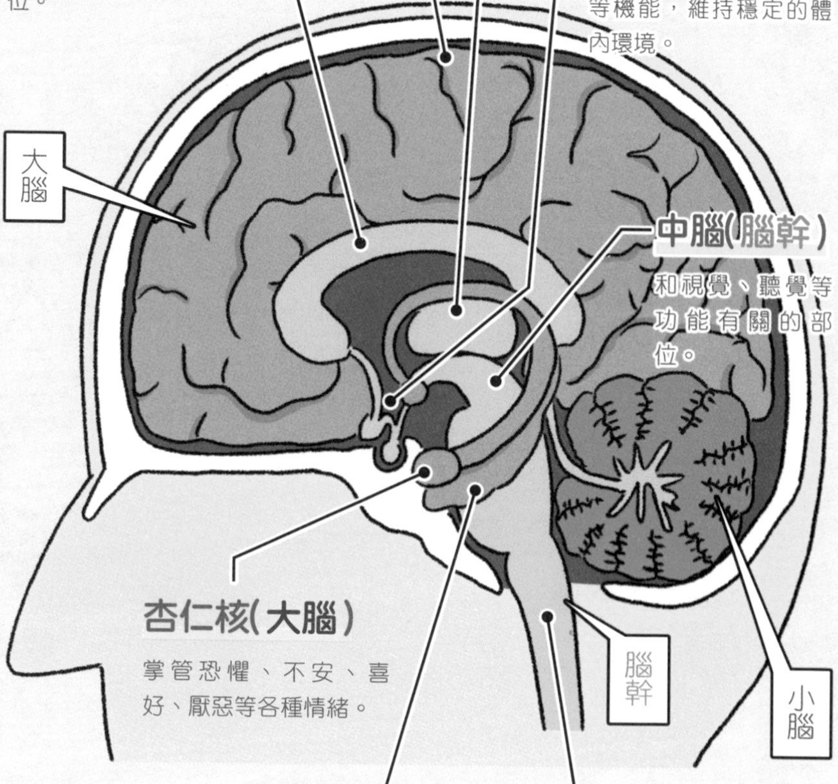

中腦(腦幹)

和視覺、聽覺等功能有關的部位。

杏仁核(大腦)

掌管恐懼、不安、喜好、厭惡等各種情緒。

海馬迴(大腦)

大腦中與記憶、學習有密切關係的部位。因形似海馬而得名。

延腦(腦幹)

控制呼吸、心跳等生理機能。

海馬迴　海馬

大腦皮質各區域的功能

大腦皮質可分為額葉、頂葉、枕葉、顳葉等四個部分。此外，每一區塊主掌的功能也不一樣。

運動區

控制骨骼肌運動的區域。

軀體感覺區

接收來自全身皮膚的感覺訊息，如觸覺或冷、熱等溫度變化。

前額葉區

掌管思考和創造性等功能的區域。又稱為前額聯合區。

韋尼克氏區

負責理解看到和聽到的語言。又稱為感覺語言中樞。

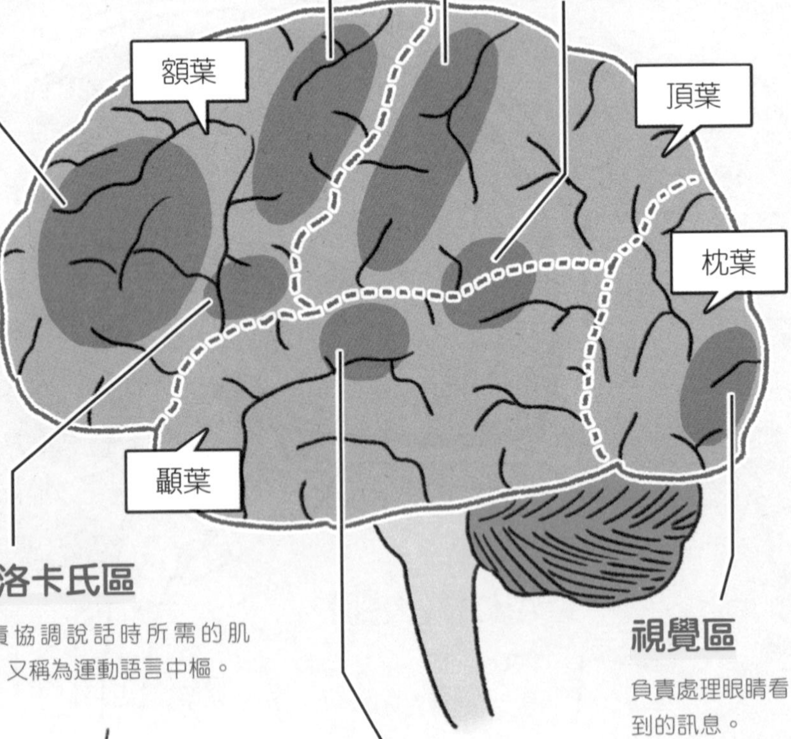
額葉
頂葉
枕葉
顳葉

布洛卡氏區

負責協調說話時所需的肌肉。又稱為運動語言中樞。

視覺區

負責處理眼睛看到的訊息。

聽覺區

負責處理耳朵聽到的訊息。

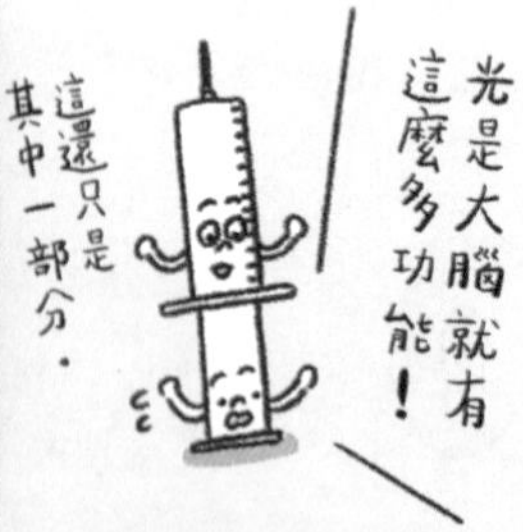
光是大腦就有這麼多功能！
這還只是其中一部分。

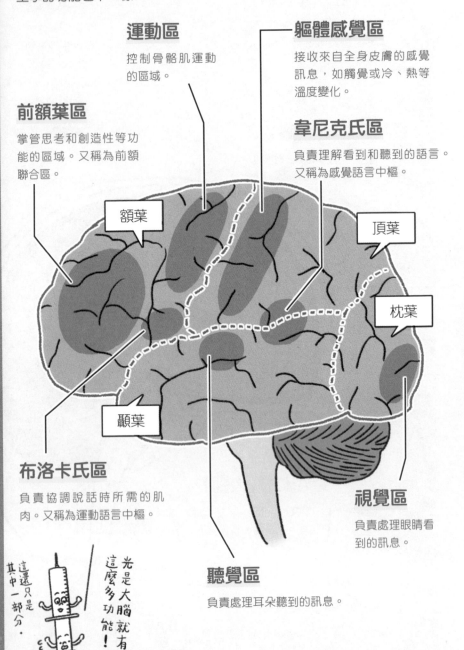

腦的皺褶

如果將大腦表面的皺褶攤平開來，大約比一張報紙全版還大（實際表面積約 2000cm^2）。除了大腦之外，小腦也布滿細小皺褶，如果攤平開來，大約是半張全版報紙的大小。

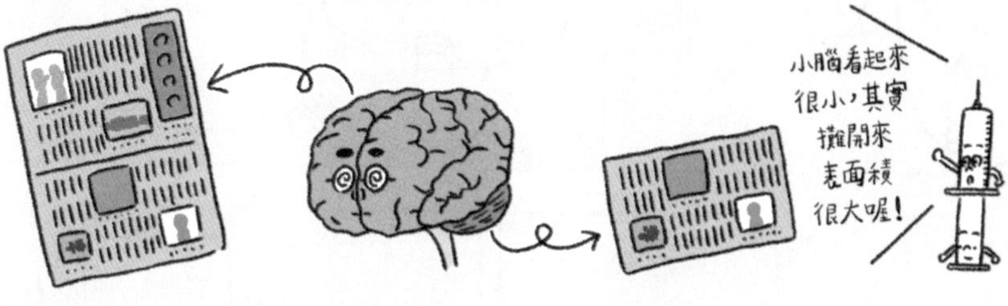
小腦看起來很小，其實攤開來表面積很大喔！

頭痛是大腦在痛嗎？

引起頭痛的原因有很多種，但大腦本身並沒有痛覺接受器，頭痛通常是大腦外層的腦膜或肌肉所引起的疼痛。

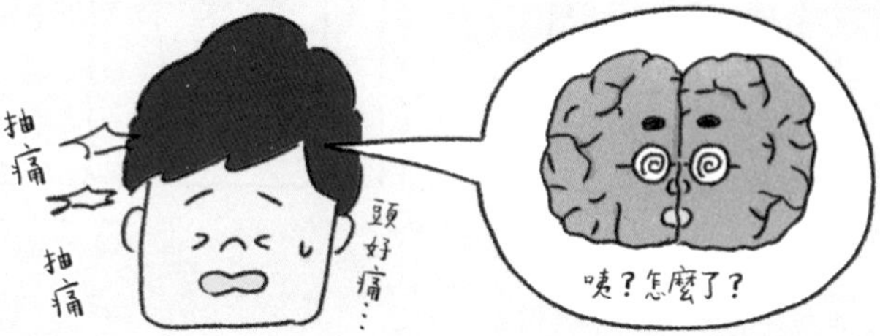
抽痛
抽痛
頭好痛……
咦？怎麼了？

夢是什麼？

為什麼人睡覺時會做夢？目前原因尚不清楚。但有一派說法認為，睡覺時會做夢是因為大腦正在處理白天所接收的訊息。

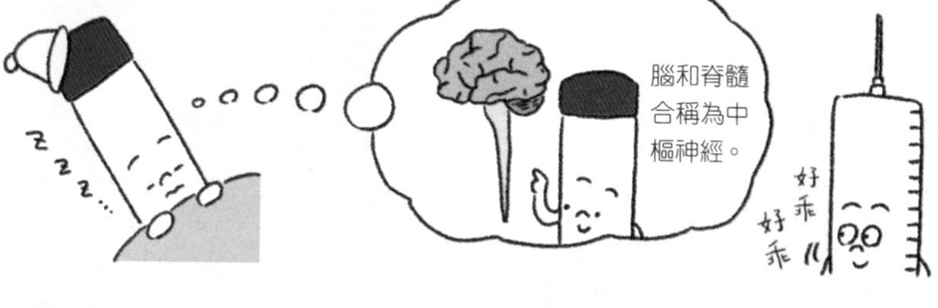
ZZZ…
腦和脊髓合稱為中樞神經。
好乖好乖

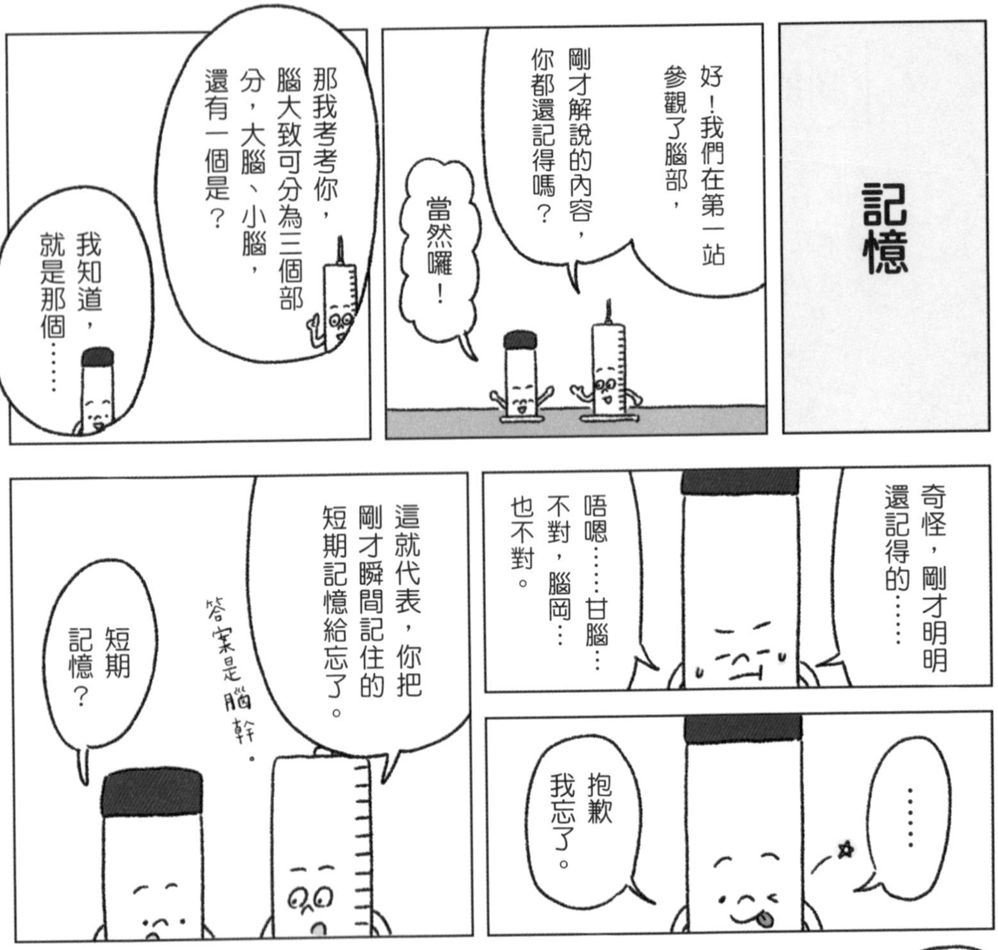
記憶
好！我們在第一站參觀了腦部，剛才解說的內容，你都還記得嗎？
當然囉！
那我考考你，腦大致可分為三個部分，大腦、小腦，還有一個是？
我知道，就是那個……
奇怪，剛才明明還記得的……
唔嗯……甘腦……不對，腦岡……也不對。
……
抱歉我忘了。
這就代表，你把剛才瞬間記住的短期記憶給忘了。
短期記憶？
答案是腦幹。

沒錯，記憶可大致分為兩種喔※。

短期記憶

瞬間記住，但很快就忘記的記憶，通常只能維持幾十秒～幾分鐘。

例如：
撥電話前臨時記住的電話號碼。

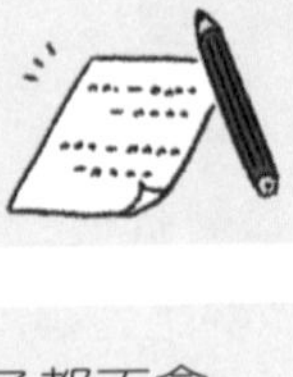

長期記憶

可維持幾小時，或是一輩子都不會忘記的記憶。

例如：
自家的電話號碼，自己的名字等。

考卷
姓名 王大明
寫
寫

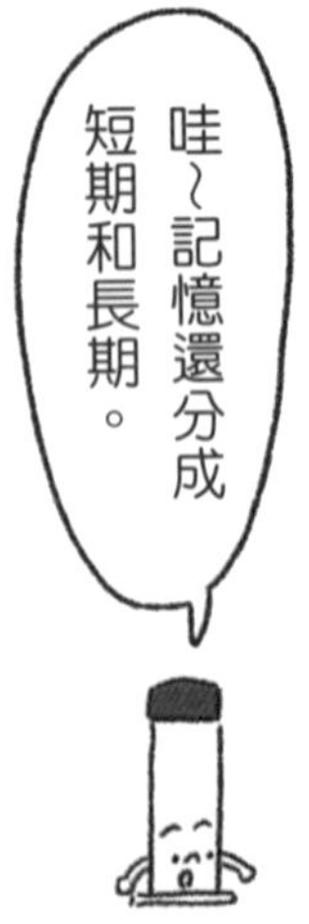
哇~記憶還分成短期和長期。

※若加入「感覺記憶」（從火車窗外瞬間閃過的景色等）的話可分成3個種類。

記憶的機制

①腦接收到新訊息時，會先傳送到海馬迴中。

訊息
掉落
掉落
海馬迴君

②經過判斷後，重要的訊息會被傳送到大腦皮質，成為長期記憶。

這個是長期
長期記憶→
滾滾
短期

③其餘的訊息則成為短期記憶，幾分鐘後就會被刪除。也就是忘記的意思。

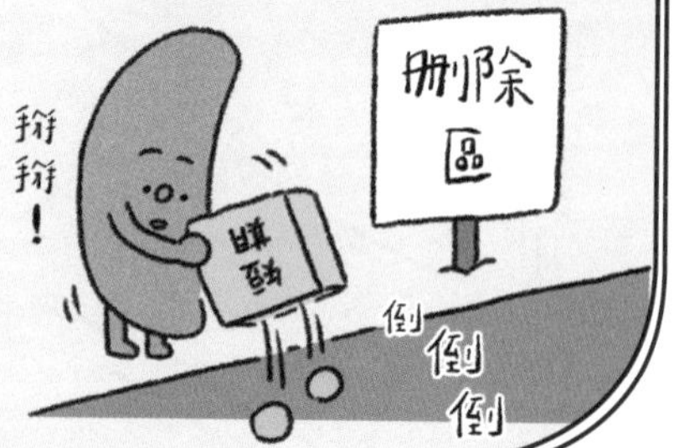
刪除區
掰掰！
倒
倒
倒

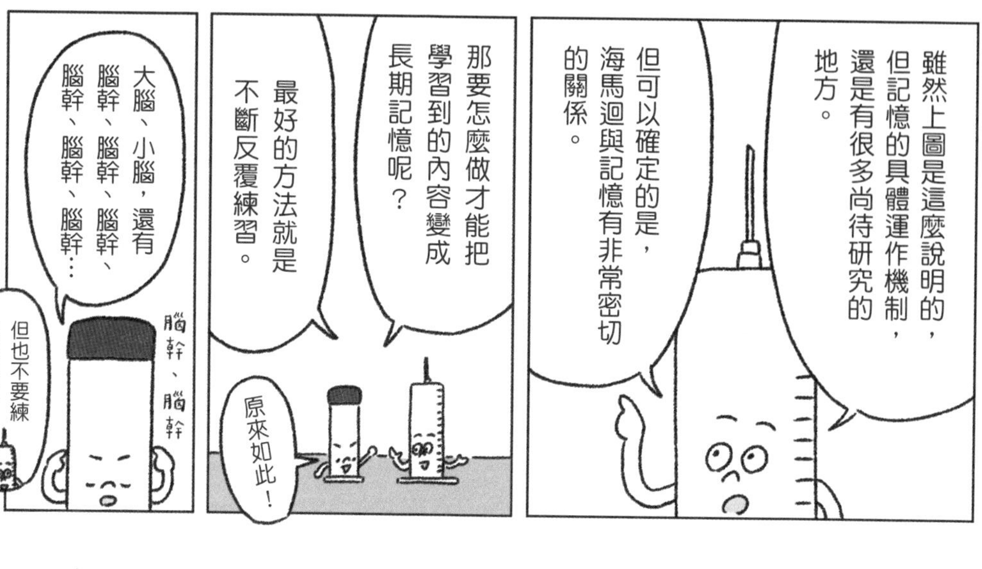
雖然上圖是這麼說明的，但記憶的具體運作機制，還是有很多尚待研究的地方。
但可以確定的是，海馬迴與記憶有非常密切的關係。
那要怎麼做才能把學習到的內容變成長期記憶呢？
最好的方法就是不斷反覆練習。
原來如此！
大腦、小腦，還有腦幹、腦幹、腦幹、腦幹、腦幹、腦幹…
腦幹、腦幹
但也不要練習過頭啦！

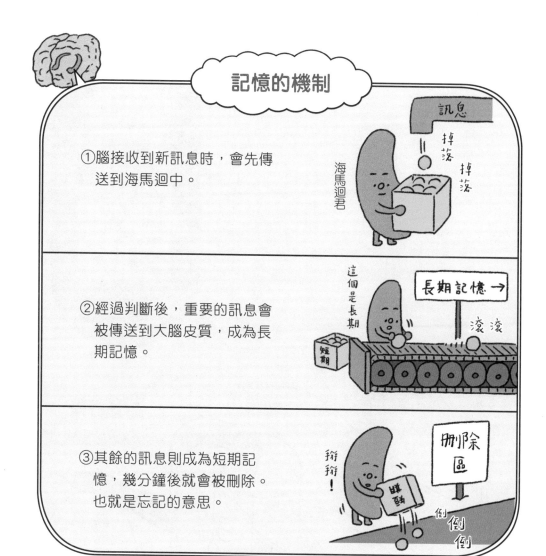

脊髓

脊髓位於脊柱內，受到脊椎骨的保護，直徑約一公分，長度約四十公分。脊髓上方與腦幹相連，位置從脖子往下延伸至背部正中央一帶。

身體接收到的訊息會經由脊髓傳到大腦，大腦發出的指令也會經由脊髓傳往身體各部位，脊髓可說是神經傳導的中繼站。此外，當我們碰到燙的東西時手會瞬間收回來，這個被稱為「反射」的動作，也是由脊髓負責。

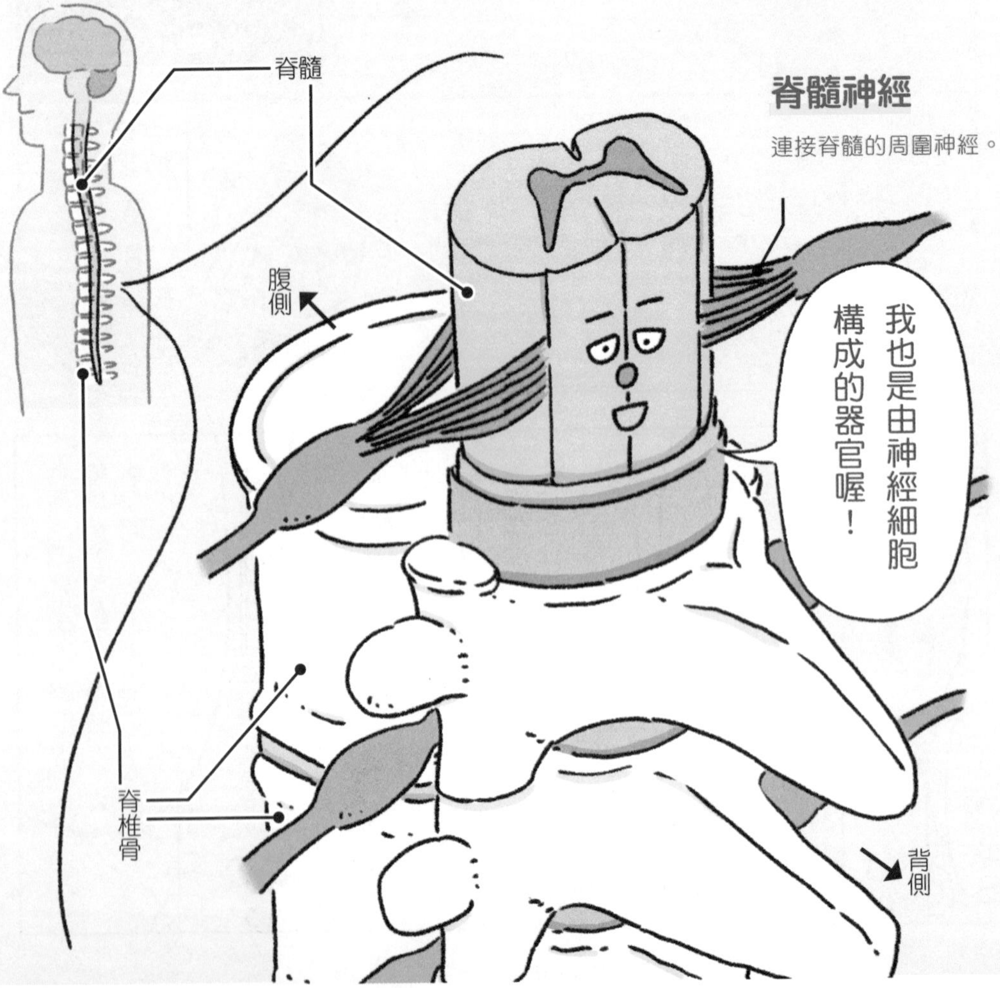
脊髓
腹側
背側
脊椎骨
脊髓神經
連接脊髓的周圍神經。
我也是由神經細胞構成的器官喔！

由脊髓下達指令的「反射」動作

在身體受到刺激的瞬間，所做出的無意識反應，我們稱為「反射」動作。而反射動作又分為好幾種，例如：被燙到的瞬間把手往後縮的動作稱為「脊髓反射」。

這種反射動作因為不透過大腦，而由脊髓直接下達指令，所以能瞬間做出反應。

①碰到很燙的東西。
縮回
②身體受到的刺激經由周圍神經傳到脊髓。
③脊髓下達「收回手」的命令。
④手往後縮（這時候大腦還沒察覺）。
好燙！
⑤訊息慢了一步才傳到大腦。
⑥感覺到燙。
用槌子輕敲膝蓋下方，小腿會無意識翹起來，這也是脊髓反射的一種喔！
唷～

其他的反射動作

延腦反射

吃東西時嘴巴會自動分泌唾液等。

中腦反射

當蟲子飛過來時，眼睛會不自覺閉上等。

嗡
哇

周圍神經

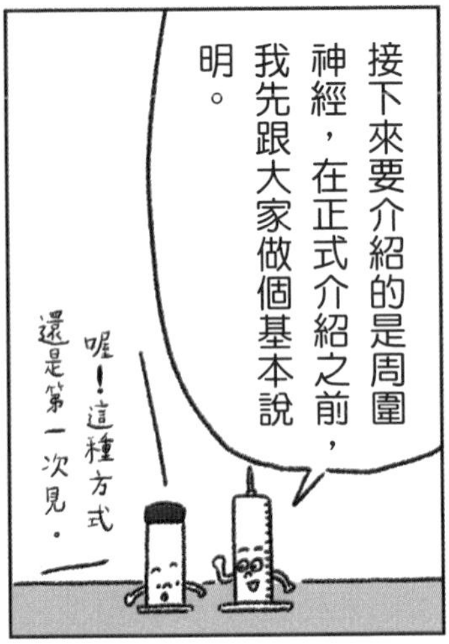

接下來要介紹的是周圍神經，在正式介紹之前，我先跟大家做個基本說明。
喔！這種方式還是第一次見。

周圍神經內含一個或多個神經纖維束，直徑有粗有細，最粗的周圍神經由高達上千根的神經纖維集結而成。

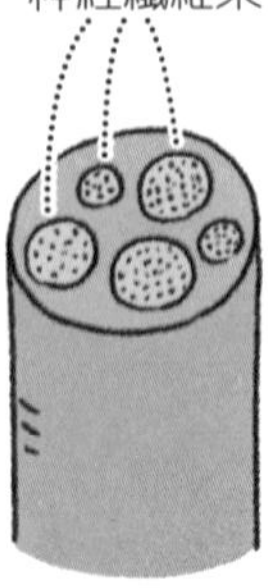

神經纖維束

周圍神經的橫切圖

依功能分類

自主神經： 調節內臟等生理機能的神經（不受人的意志控制）。

交感神經

使身體進入興奮、緊張的狀態，提升運動機能。

舉例

心跳加速

撲通
撲通
撲通

瞳孔放大

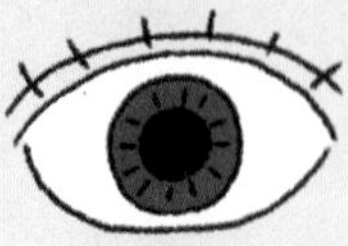

抑制排尿

收縮

抑制排便

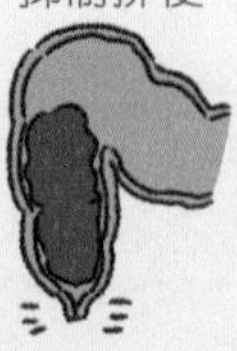

副交感神經

讓身體回復平靜，維持穩定運作。

舉例

心跳減緩

撲通
撲通

瞳孔縮小

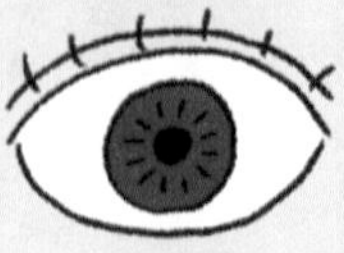

促進排尿

嘩啦

促進排便

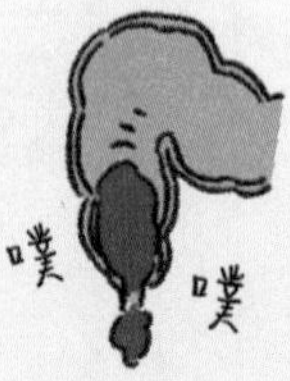

噗
噗

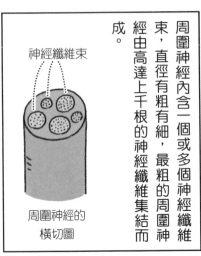

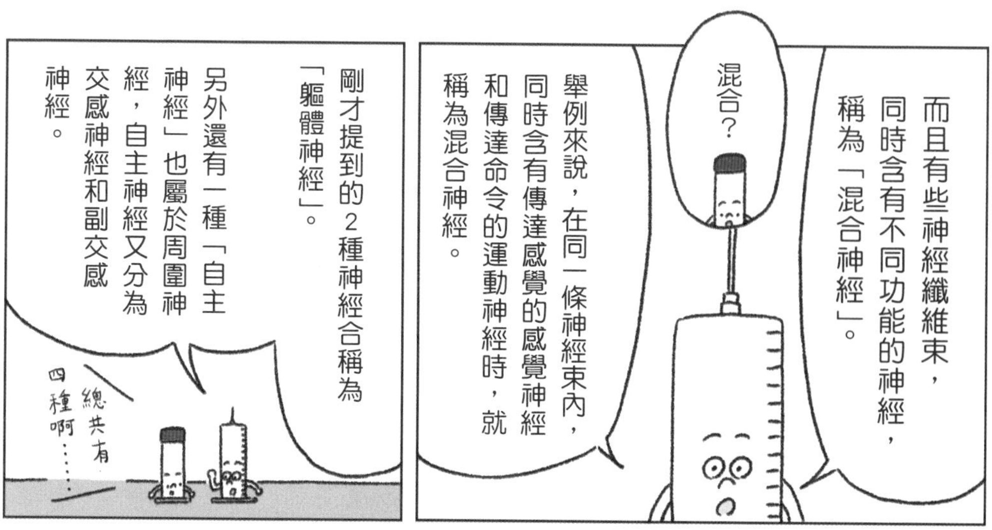
而且有些神經纖維束，同時含有不同功能的神經，稱為「混合神經」。
混合？
舉例來說，在同一條神經束內，同時含有傳達感覺的感覺神經和傳達命令的運動神經時，就稱為混合神經。
剛才提到的2種神經合稱為「軀體神經」。
另外還有一種「自主神經」也屬於周圍神經，自主神經又分為交感神經和副交感神經。
總共有四種啊……

周圍神經

軀體神經：負責運動身體、感知刺激的神經（可受意志控制）。

運動神經

將腦和脊髓的命令傳送到全身肌肉，使身體動起來。

舉例

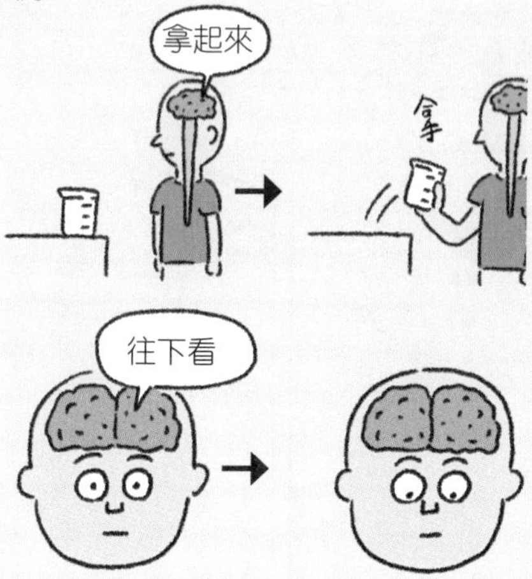
拿起來
拿
往下看

感覺神經

將身體接收到的刺激（感覺）傳送到腦或脊髓。

舉例

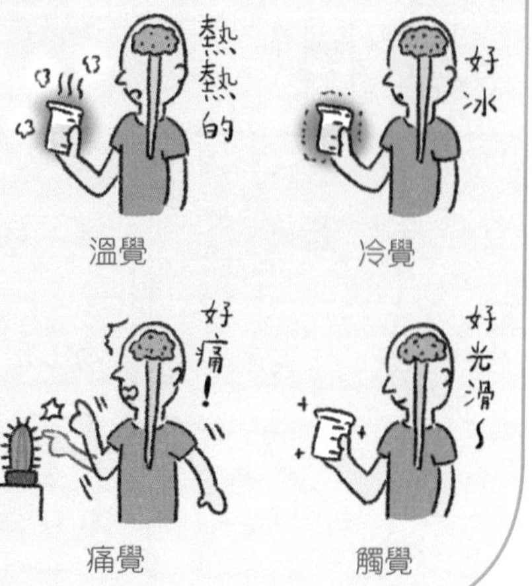
熱熱的
溫覺
好冰
冷覺
好痛！
痛覺
好光滑～
觸覺

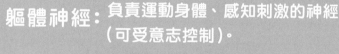

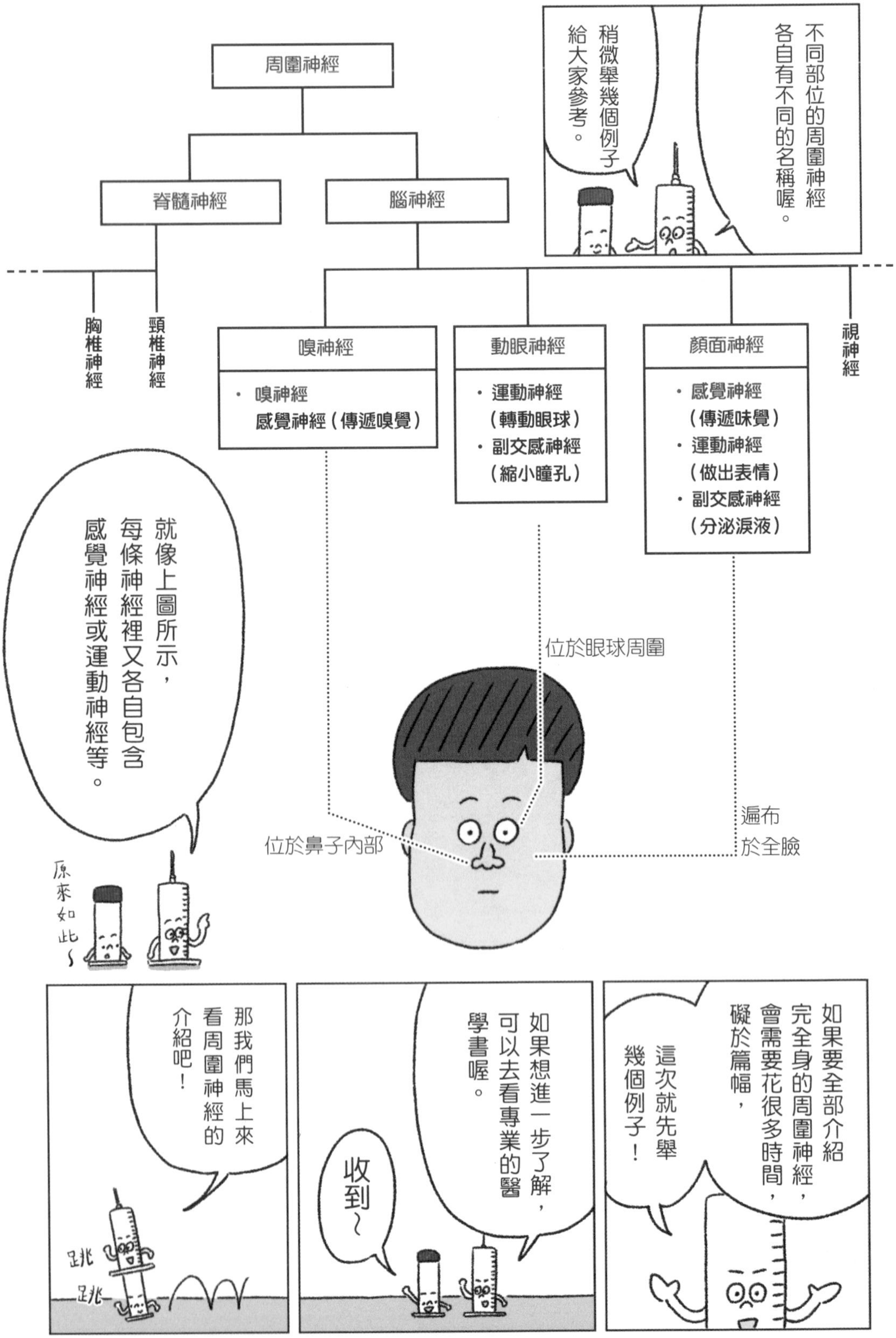

不同部位的周圍神經各自有不同的名稱喔。
稍微舉幾個例子給大家參考。
周圍神經
脊髓神經
腦神經
頸椎神經
胸椎神經
嗅神經
・嗅神經 感覺神經（傳遞嗅覺）
動眼神經
・運動神經（轉動眼球）
・副交感神經（縮小瞳孔）
顏面神經
・感覺神經（傳遞味覺）
・運動神經（做出表情）
・副交感神經（分泌淚液）
視神經
位於鼻子內部
位於眼球周圍
遍布於全臉
就像上圖所示，每條神經裡又各自包含感覺神經或運動神經等。
原來如此～
如果要全部介紹完全身的周圍神經，會需要花很多時間，礙於篇幅，
這次就先舉幾個例子！
如果想進一步了解，可以去看專業的醫學書喔。
收到～
那我們馬上來看周圍神經的介紹吧！
跳
跳

周圍神經

周圍神經遍布全身，由聚集成束的神經纖維（神經細胞的軸突）所組成。周圍神經負責將身體接收到的刺激傳送到腦部，並將腦部的命令傳送到身體各部位。

周圍神經若依功能分類，可分為軀體神經和自主神經；若依部位分類，可分為腦神經和脊髓神經。

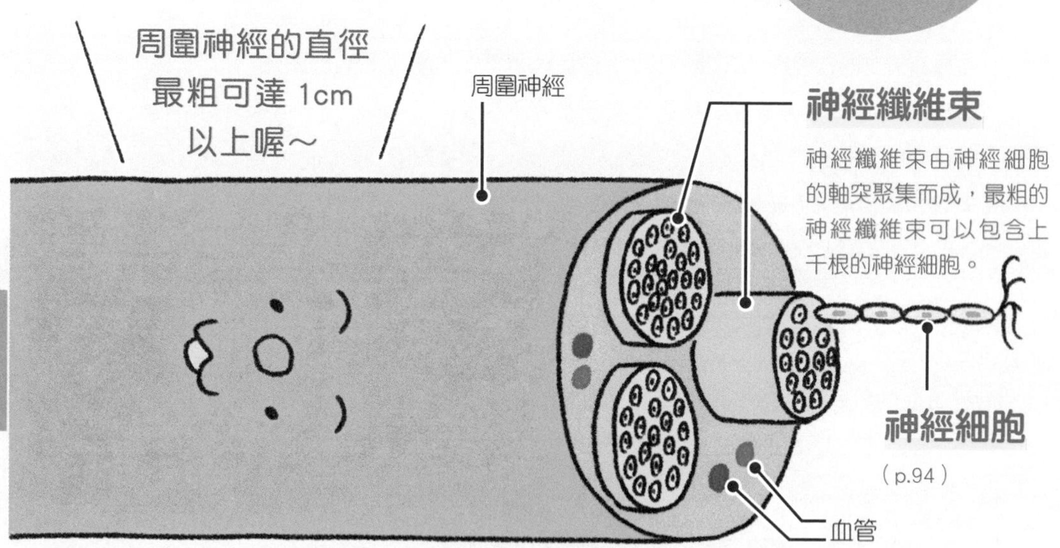

周圍神經的直徑
最粗可達 1cm
以上喔～
周圍神經
神經纖維束
神經纖維束由神經細胞的軸突聚集而成，最粗的神經纖維束可以包含上千根的神經細胞。
神經細胞
（p.94）
血管

更認識自己

雞皮疙瘩與自主神經的關係

當我們感到寒冷或恐懼時，皮膚會冒出「雞皮疙瘩」，這種現象其實與自主神經中的交感神經有關。當人體受到強烈刺激時，會促進交感神經興奮，使豎毛肌收縮，汗毛直立，並且帶動毛孔周圍的皮膚隆起，形成一粒粒小疙瘩。

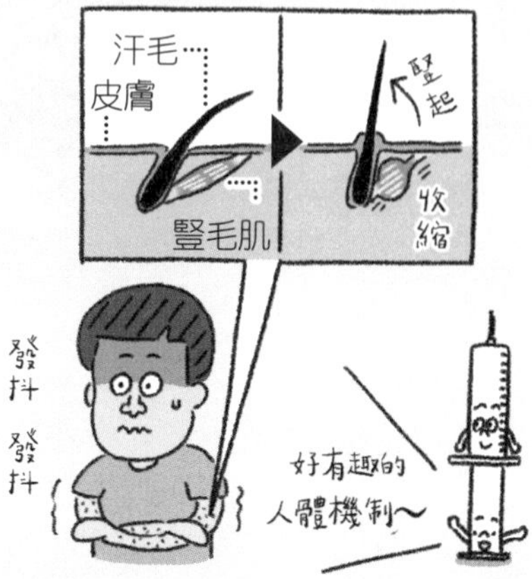

汗毛
皮膚
豎起
豎毛肌
收縮
發抖
發抖
好有趣的人體機制～

神經細胞是如何傳遞訊息的？

如同第94頁的說明，當手碰觸到東西或眼睛看到畫面時，身體所接收到的訊息會轉為電流訊號在神經細胞（神經元）之間傳遞。而神經細胞之間又是如何傳遞訊息的呢？讓我們來更詳細解釋一下。

神經細胞會透過「軸突」傳遞電流訊號給相鄰的神經細胞或肌肉，而軸突與其他細胞之間是以突觸相接，然而突觸之間其實有非常微小的空隙，並未直接相連。因此，神經細胞傳來的電流訊號必須轉換成化學物質，才能跨越突觸的空隙傳送到下一個細胞。這個化學物質就稱為「神經傳導物質」，它的傳遞機制簡單說明如下：

- 在神經細胞內傳遞的電流訊號會刺激神經末端的突觸。
- 神經末端的突觸會釋放出神經傳導物質。
- 這些神經傳導物質會以擴散方式穿過突觸裂隙，與相鄰的神經細胞或肌肉的受體結合。
- 接收到神經傳導物質的神經細胞，會再一次將它轉換成電流訊號，繼續傳遞下去。

換句話說，神經細胞之間透過「電流訊號」和「神經傳導物質」的搭配組合來傳遞訊息，我們才能活動身體、眼睛才能看到東西，身體機能才得以正常運作。

順帶一提，據說「神經傳導物質」的種類高達100種以上。其中耳熟能詳的包括能使人情緒興奮的「腎上腺素」、使人情緒穩定的「血清素」，以及可以降血壓的「GABA（γ-胺基丁酸）」等。而不規律的生活會影響這些神經傳導物質的正常運作，因此規律生活是很重要的喔。

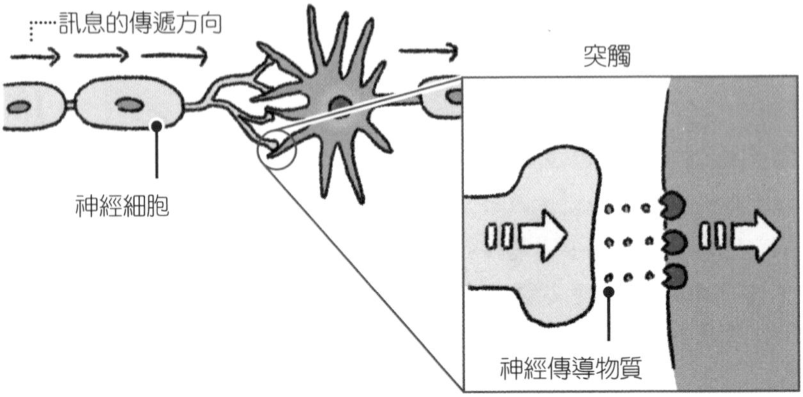

第七章

感覺系統

眼睛／耳朵／皮膚
毛髮／指甲

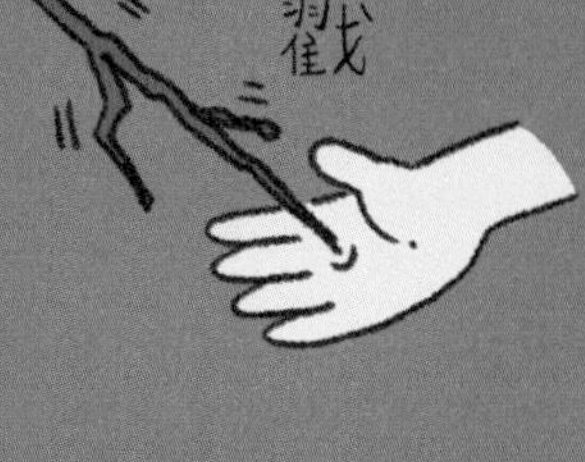

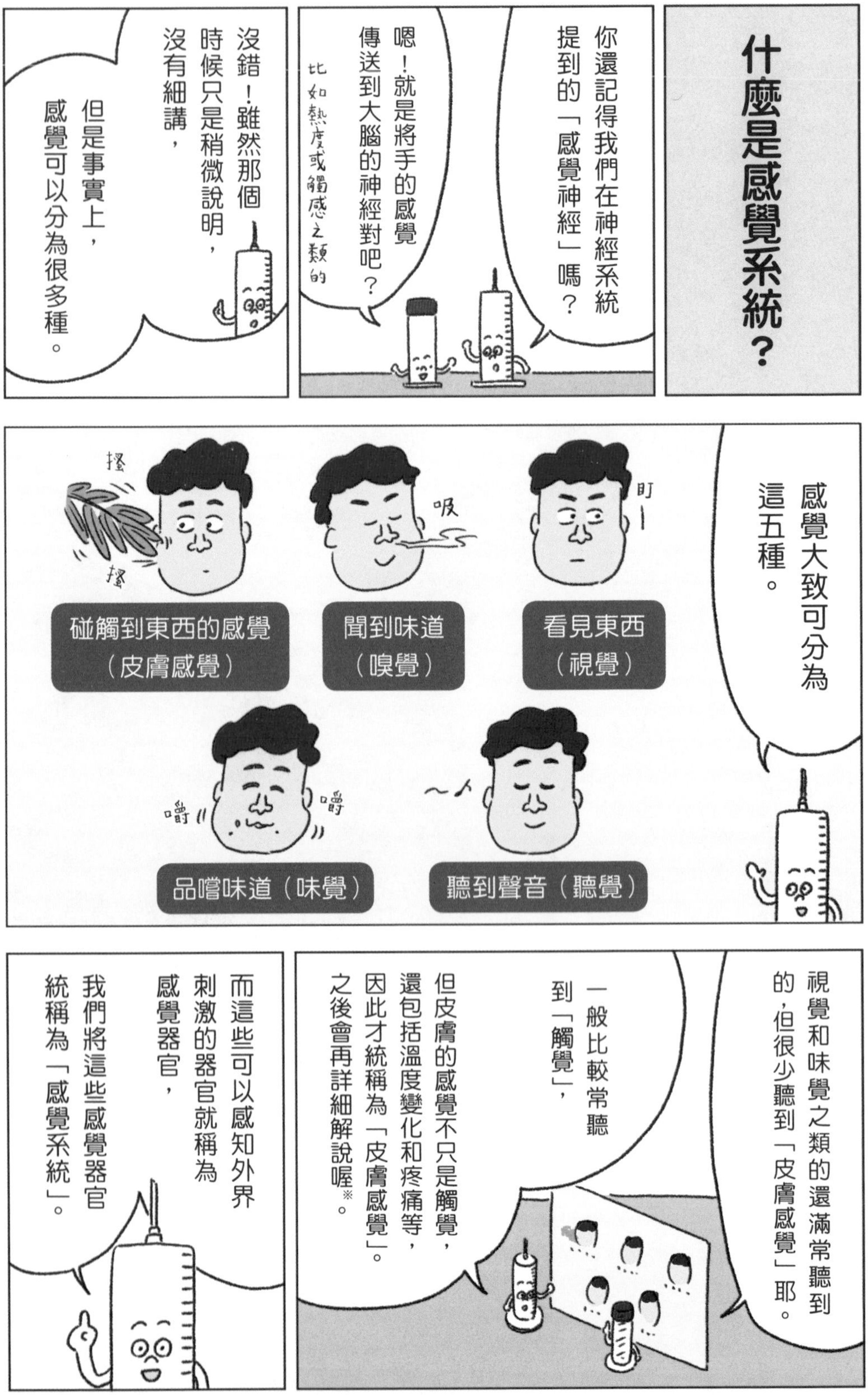
什麼是感覺系統？
你還記得我們在神經系統提到的「感覺神經」嗎？
嗯！就是將手的感覺傳送到大腦的神經對吧？
比如熱度或觸感之類的
沒錯！雖然那個時候只是稍微說明，沒有細講，
但是事實上，感覺可以分為很多種。
感覺大致可分為這五種。
盯—
看見東西（視覺）
吸
聞到味道（嗅覺）
搔
搔
碰觸到東西的感覺（皮膚感覺）
聽到聲音（聽覺）
嚼
嚼
品嚐味道（味覺）
視覺和味覺之類的還滿常聽到的，但很少聽到「皮膚感覺」耶。
一般比較常聽到「觸覺」，
但皮膚的感覺不只是觸覺，還包括溫度變化和疼痛等，因此才統稱為「皮膚感覺」。之後會再詳細解說喔※。
而這些可以感知外界刺激的器官就稱為感覺器官，
我們將這些感覺器官統稱為「感覺系統」。

※ 請見 p.119

感覺系統的各器官名稱及位置

（鼻子和嘴巴在前面章節已介紹過。）

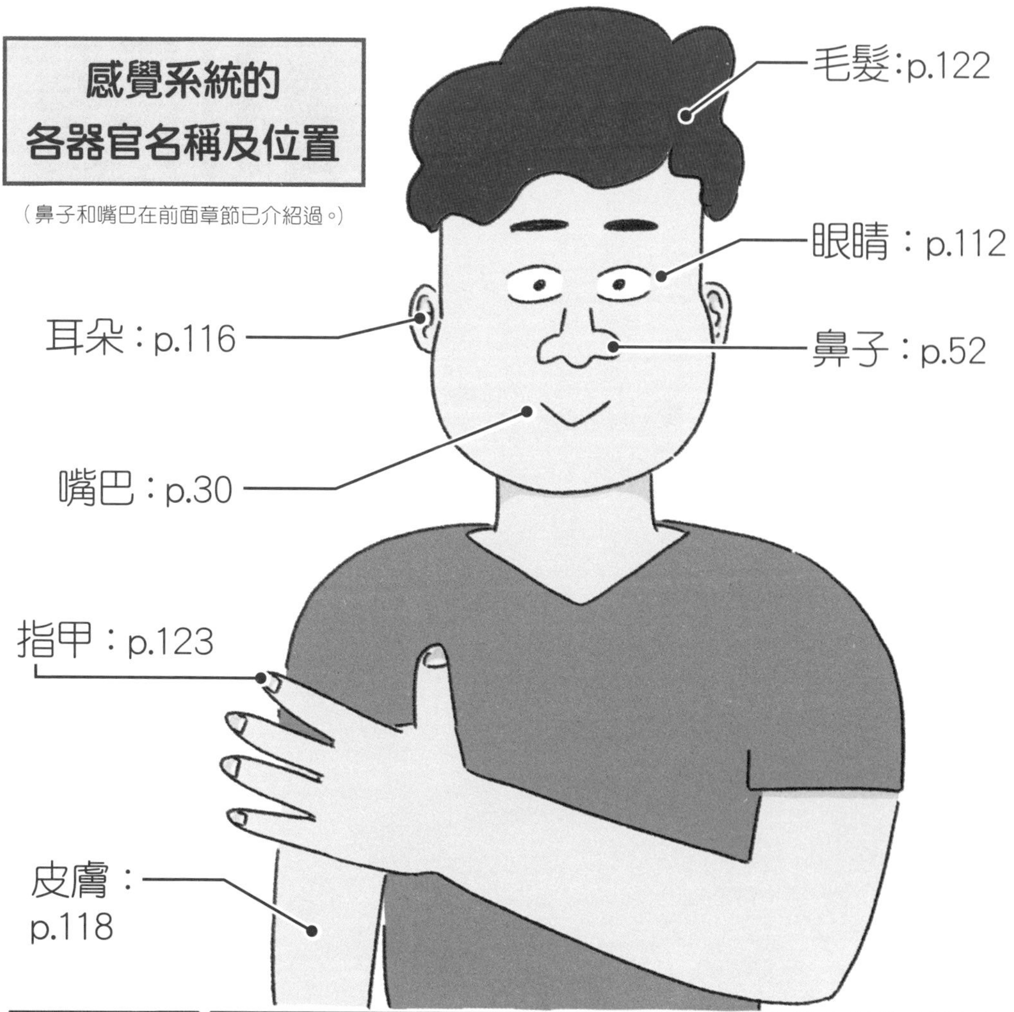

毛髮：p.122
眼睛：p.112
耳朵：p.116
鼻子：p.52
嘴巴：p.30
指甲：p.123
皮膚：p.118

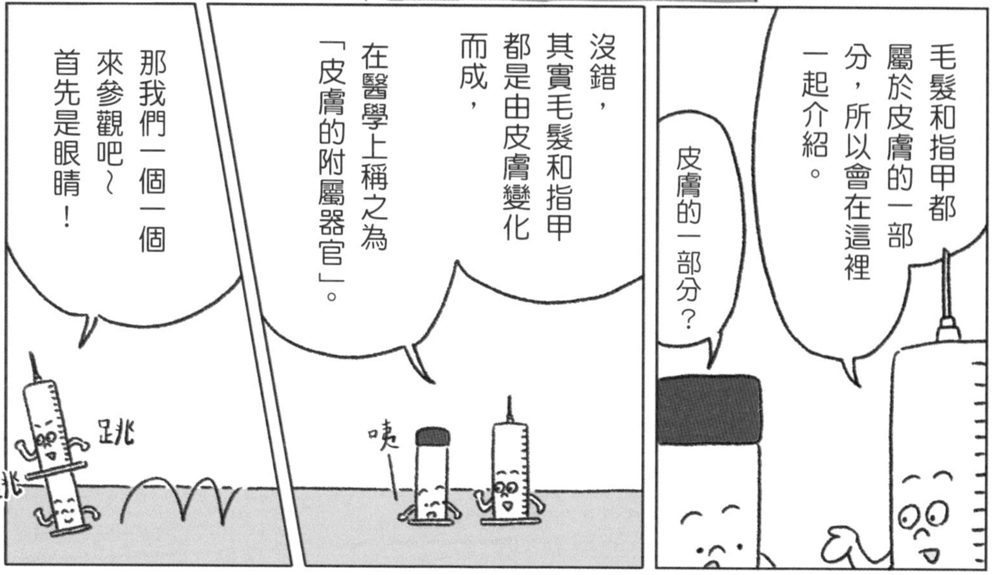

毛髮和指甲都屬於皮膚的一部分，所以會在這裡一起介紹。
皮膚的一部分？
沒錯，其實毛髮和指甲都是由皮膚變化而成，
在醫學上稱之為「皮膚的附屬器官」。
咦—
那我們一個一個來參觀吧～首先是眼睛！
跳
跳

眼睛

眼睛是視覺器官，可分辨物體的顏色、形狀、立體感等，以獲取外界訊息。眼睛具有「調節進入眼睛的光量」、「調整焦距」、「感知光線和顏色」等功能，在這些功能的運作下，我們才能「看見東西」。

眼睛上方的淚腺會不斷分泌淚液，滋潤眼球表面，防止角膜乾燥。此外，淚液的成分中含有抗菌物質，可使眼睛保持清潔和溼潤。

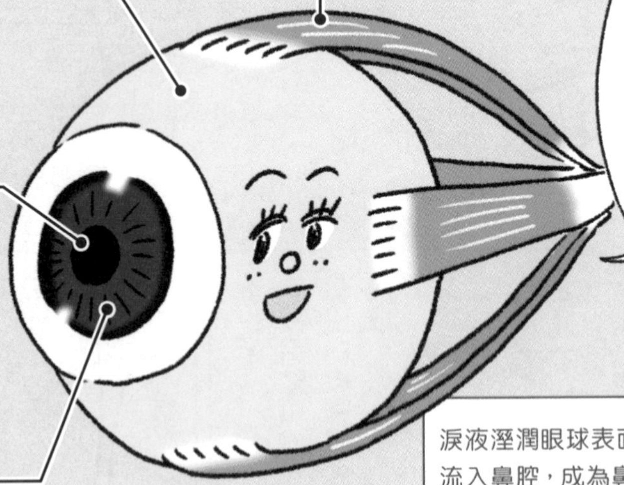

眼球

直徑約2.5cm的球體。

眼肌

控制眼球轉動方向的6條肌肉。

瞳孔

黑眼珠中間的圓孔。

虹膜

瞳孔外圍的圓環狀部分。透過改變中央孔洞（瞳孔）的大小，調節進入眼睛的光線量。

視覺的機制請參閱第一百一十四頁喔！

在明亮的地方

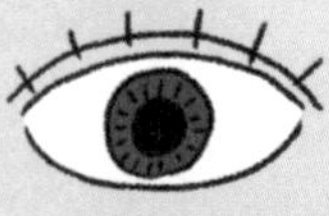

在黑暗的地方

淚液溼潤眼球表面後，進入鼻淚管，流入鼻腔，成為鼻水的一部分。

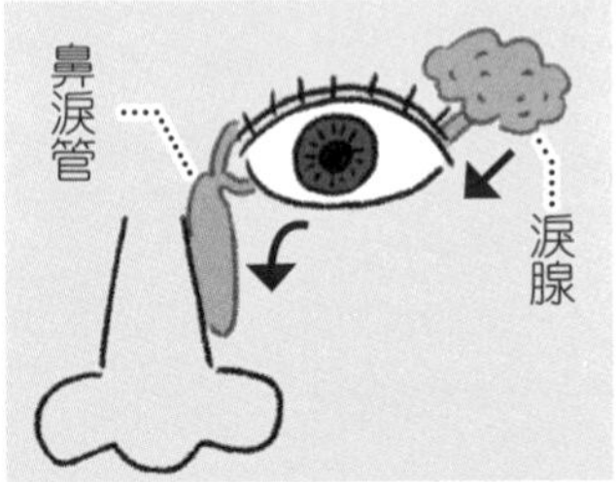

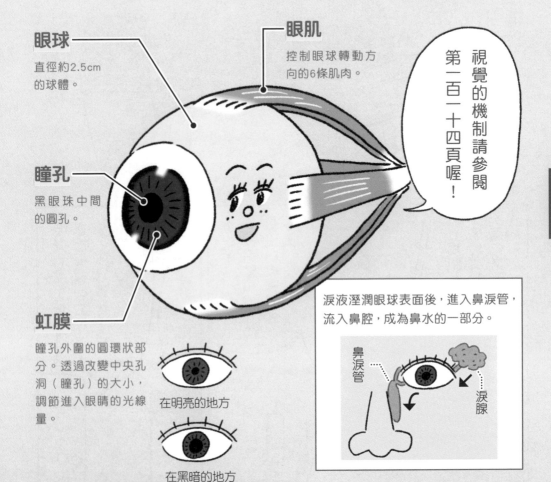

更詳細的說明

眼睛的構造

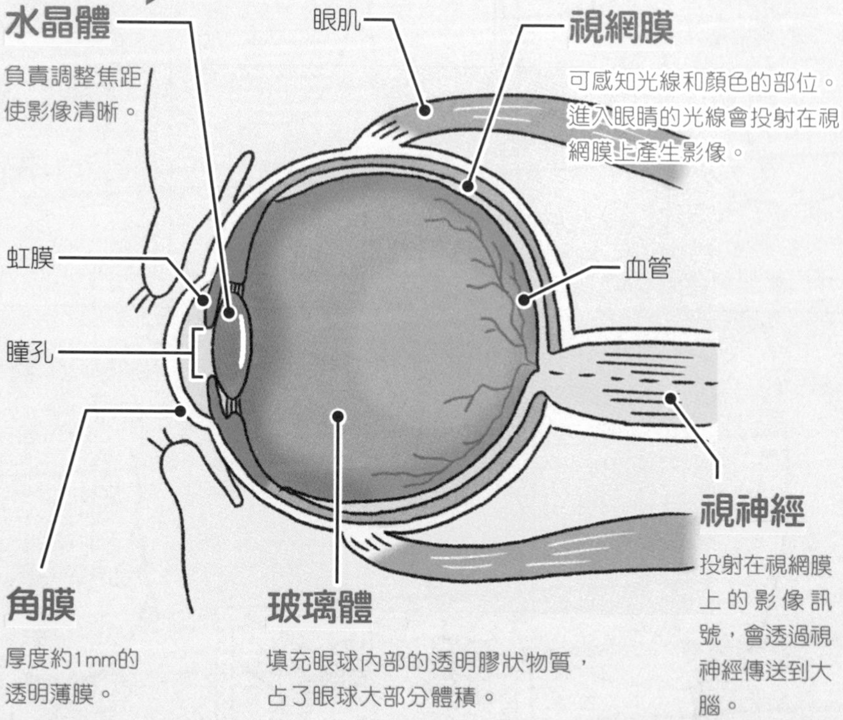
水晶體
負責調整焦距
使影像清晰。
眼肌
視網膜
可感知光線和顏色的部位。
進入眼睛的光線會投射在視
網膜上產生影像。
虹膜
瞳孔
血管
視神經
投射在視網膜
上的影像訊
號，會透過視
神經傳送到大
腦。
角膜
厚度約1mm的
透明薄膜。
玻璃體
填充眼球內部的透明膠狀物質，
占了眼球大部分體積。

更有趣的知識

虹膜的顏色

眼睛的虹膜含有「黑色素」。黑色素多的話，虹膜為深棕色；黑色素少的話，虹膜為藍色或綠色。

而無論什麼人種，虹膜中間的瞳孔都是黑色的。換句話說，所謂「眼睛的顏色」指的其實是「虹膜的顏色」。

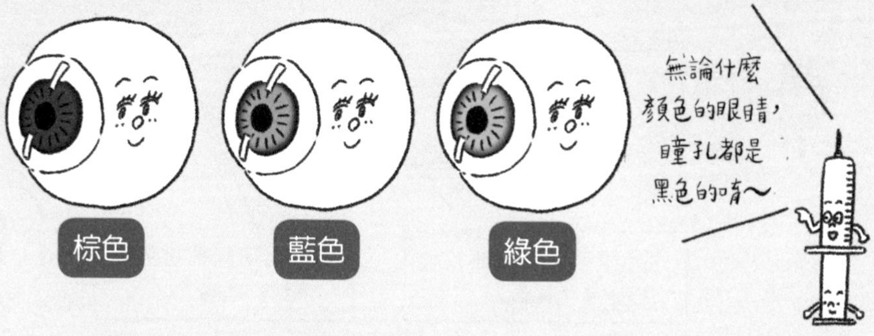
棕色
藍色
綠色
無論什麼
顏色的眼睛，
瞳孔都是
黑色的唷～

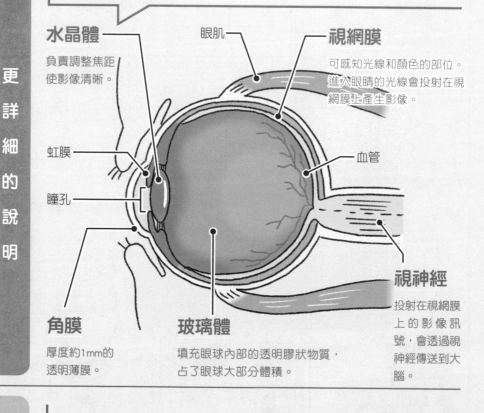

視覺的機制
我們在黑暗的地方什麼都看不到對吧？
嗯……確實是這樣沒錯。
換句話說，正因為有光的照射，我們才能看見東西。
雖然我們自己很難察覺，但必須有光照射到物體上，再反射進我們的眼睛裡，我們才能「看見」東西。
不過當然不只這樣，光線進入我們眼睛後……
等一下！
接下來就交給我來說明！
是眼睛小妹！
眼睛之所以能「看見」東西，全都靠我身體裡的水晶體和視網膜等部位的運作。
嗯嗯
跳跳

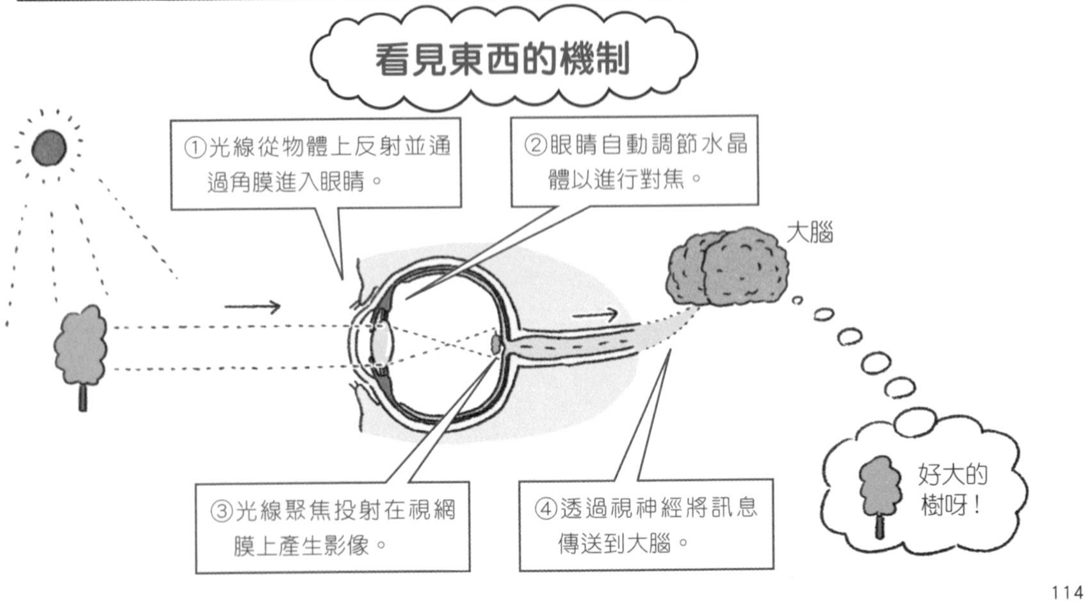
看見東西的機制
①光線從物體上反射並通過角膜進入眼睛。
②眼睛自動調節水晶體以進行對焦。
大腦
③光線聚焦投射在視網膜上產生影像。
④透過視神經將訊息傳送到大腦。
好大的樹呀！

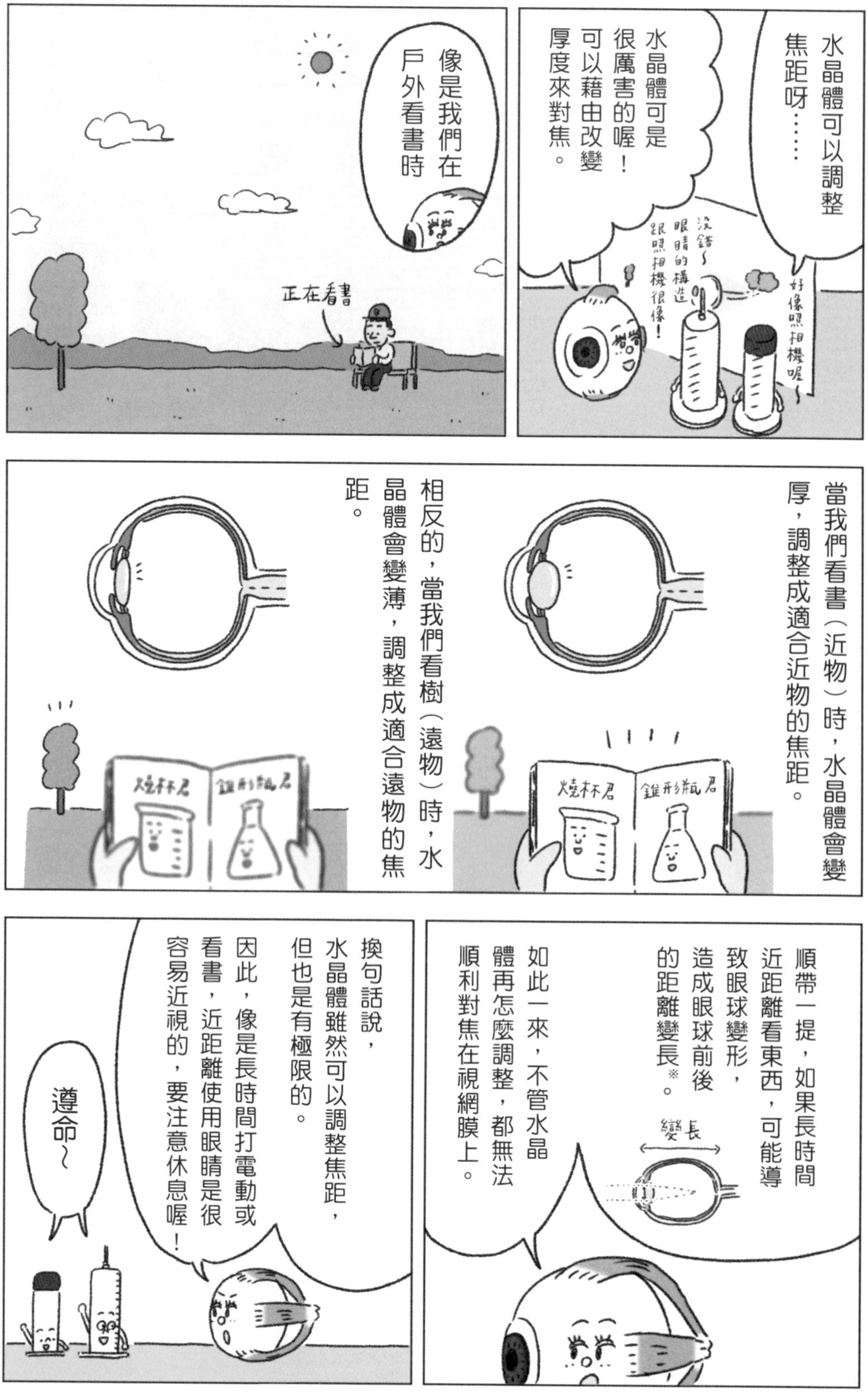
水晶體可以調整焦距呀……
水晶體可是很厲害的喔！可以藉由改變厚度來對焦。
沒錯～眼睛的構造跟照相機很像！
好像照相機喔～
像是我們在戶外看書時
正在看書
當我們看書（近物）時，水晶體會變厚，調整成適合近物的焦距。
燒杯君
錐形瓶君
相反的，當我們看樹（遠物）時，水晶體會變薄，調整成適合遠物的焦距。
燒杯君
錐形瓶君
順帶一提，如果長時間近距離看東西，可能導致眼球變形，造成眼球前後的距離變長※。
變長
如此一來，不管水晶體再怎麼調整，都無法順利對焦在視網膜上。
換句話說，水晶體雖然可以調整焦距，但也是有極限的。
因此，像是長時間打電動或看書，近距離使用眼睛是很容易近視的，要注意休息喔！
遵命～

※眼球過長會導致看遠方景物時，焦點落在視網膜前面，這種現象稱為「近視」。

耳朵

耳朵可分為外耳、中耳、內耳等三個部分。耳朵除了聽覺之外，同時也是掌管平衡感覺的器官。位於內耳的半規管可感知身體的旋轉動作；內耳的前庭則能感知身體的傾斜動作。

順帶一提，人體內最小的骨頭「鐙骨」（請見第十五頁）就位於中耳內。

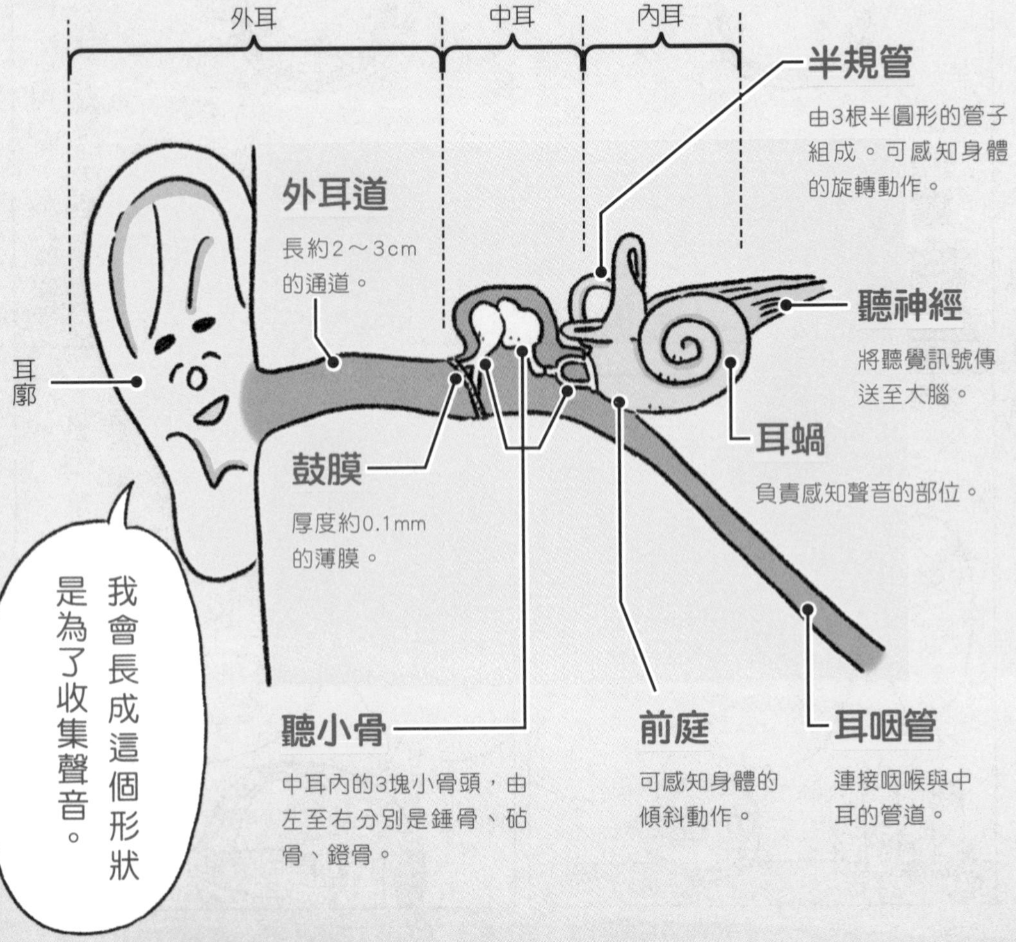
外耳
中耳
內耳
半規管
由3根半圓形的管子組成。可感知身體的旋轉動作。
外耳道
長約2～3cm的通道。
聽神經
將聽覺訊號傳送至大腦。
耳廓
耳蝸
負責感知聲音的部位。
鼓膜
厚度約0.1mm的薄膜。
我會長成這個形狀是為了收集聲音。
聽小骨
中耳內的3塊小骨頭，由左至右分別是鍾骨、砧骨、鐙骨。
前庭
可感知身體的傾斜動作。
耳咽管
連接咽喉與中耳的管道。

更詳細的說明

聽見聲音的機制

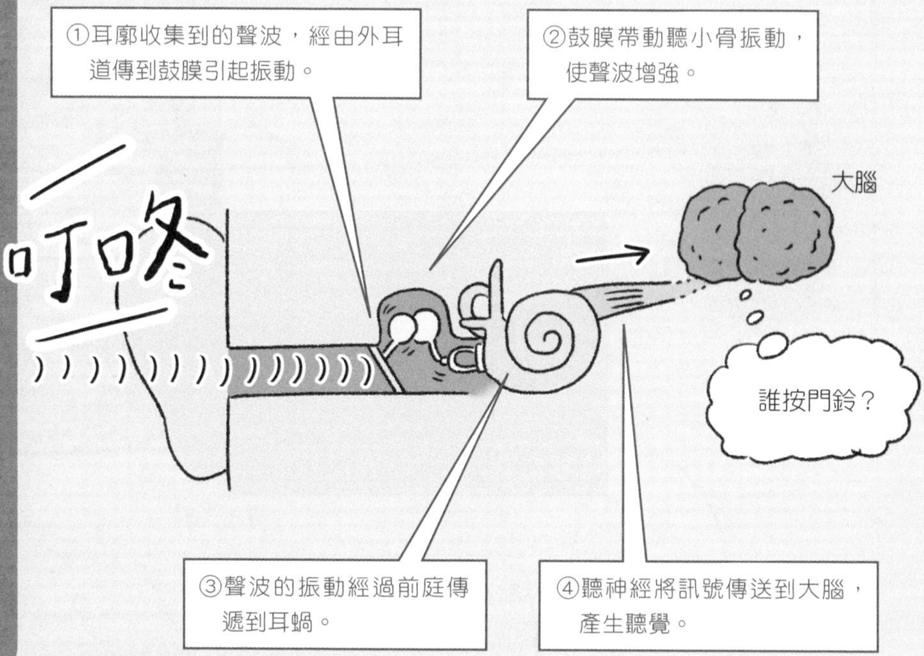
①耳廓收集到的聲波，經由外耳道傳到鼓膜引起振動。
②鼓膜帶動聽小骨振動，使聲波增強。
大腦
叮咚
誰按門鈴？
③聲波的振動經過前庭傳遞到耳蝸。
④聽神經將訊號傳送到大腦，產生聽覺。

更認識自己

聽到自己聲音的兩種方式

如果將自己說話的聲音錄下來，會覺得聽起來跟自己平時說話的聲音不一樣。這是因為我們說話時聽到的聲音有2種傳遞方式。一種是經由空氣傳入耳朵的聲音（空氣傳導），另一種是沿著顱骨傳遞的聲音（骨傳導）。這兩種聲音重疊在一起成為我們聽到的聲音（但錄音錄下的只有空氣傳導的聲音）。

哈囉
哈囉
咦？這是我的聲音？
空氣傳導的聲音聽起來音調比較高
嘿

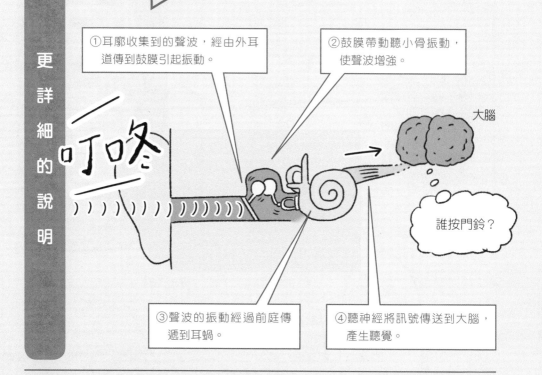

皮膚

覆蓋全身體表的皮膚是保護身體的第一道防線，由表皮、真皮、皮下組織三層構造組成。成人男性的皮膚表面積約為一點六平方公尺（約六張國小桌子大）。

皮膚不僅能保護身體抵抗紫外線、溫度變化、細菌等傷害，還能藉由排汗散熱降低體溫。皮膚同時也是感覺器官，可將接收到的外界刺激傳送至大腦，感受觸覺、溫覺等各種感覺。

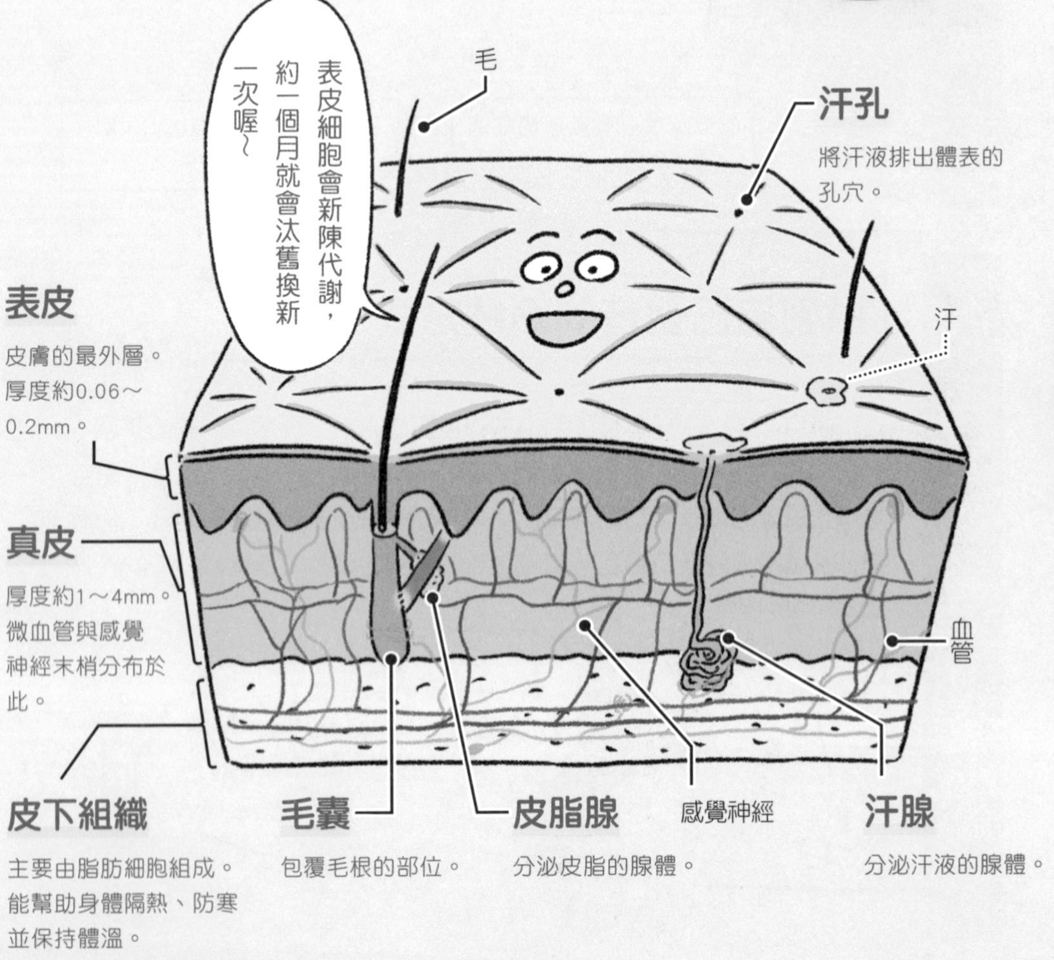
表皮細胞會新陳代謝，約一個月就會汰舊換新一次喔~
毛
汗孔
將汗液排出體表的孔穴。
汗
表皮
皮膚的最外層。厚度約0.06～0.2mm。
真皮
厚度約1～4mm。微血管與感覺神經末梢分布於此。
血管
皮下組織
主要由脂肪細胞組成。能幫助身體隔熱、防寒並保持體溫。
毛囊
包覆毛根的部位。
皮脂腺
分泌皮脂的腺體。
感覺神經
汗腺
分泌汗液的腺體。

更詳細的說明

皮膚的主要感覺種類

感知觸摸
（觸覺）

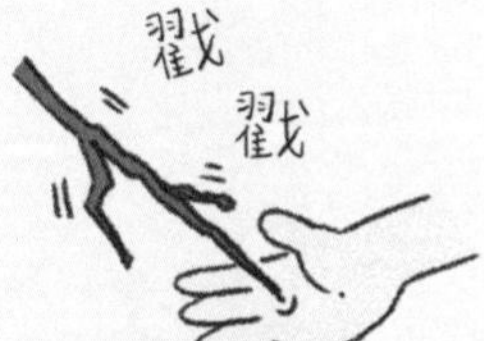
戳
戳

感知按壓
（壓覺）

感知溫熱
（溫覺）

感知冰涼
（冷覺）

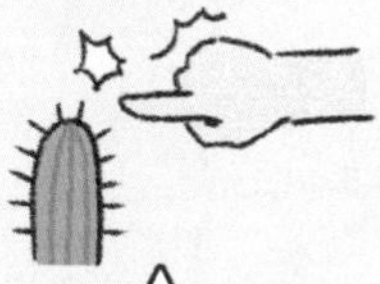

疼痛
（痛覺）

震
震

感知震動
（震動覺）

更認識自己

為什麼皮膚會晒黑？

如果長時間曝晒在太陽底下，陽光中的紫外線※會深入皮膚真皮層，破壞皮膚細胞，造成皮膚損傷，甚至增加罹患皮膚癌的機率。而皮膚會「晒黑」其實是人體的自我防禦機制，當皮膚受到紫外線刺激時，表皮層會生成黑色素，防止紫外線傷害到深層皮膚，這種現象就是所謂的「晒黑」。不過，「晒黑」對於紫外線的防護效果有限，最根本的辦法還是要確實做好防晒，避免直接曝晒在太陽底下。

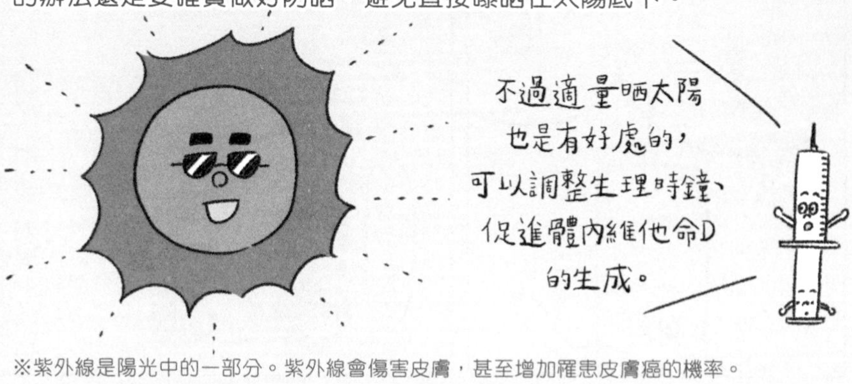
不過適量晒太陽
也是有好處的，
可以調整生理時鐘、
促進體內維他命D
的生成。

※紫外線是陽光中的一部分。紫外線會傷害皮膚，甚至增加罹患皮膚癌的機率。

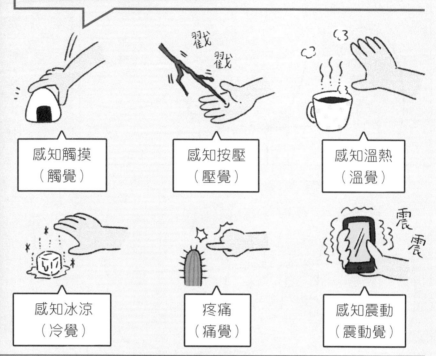

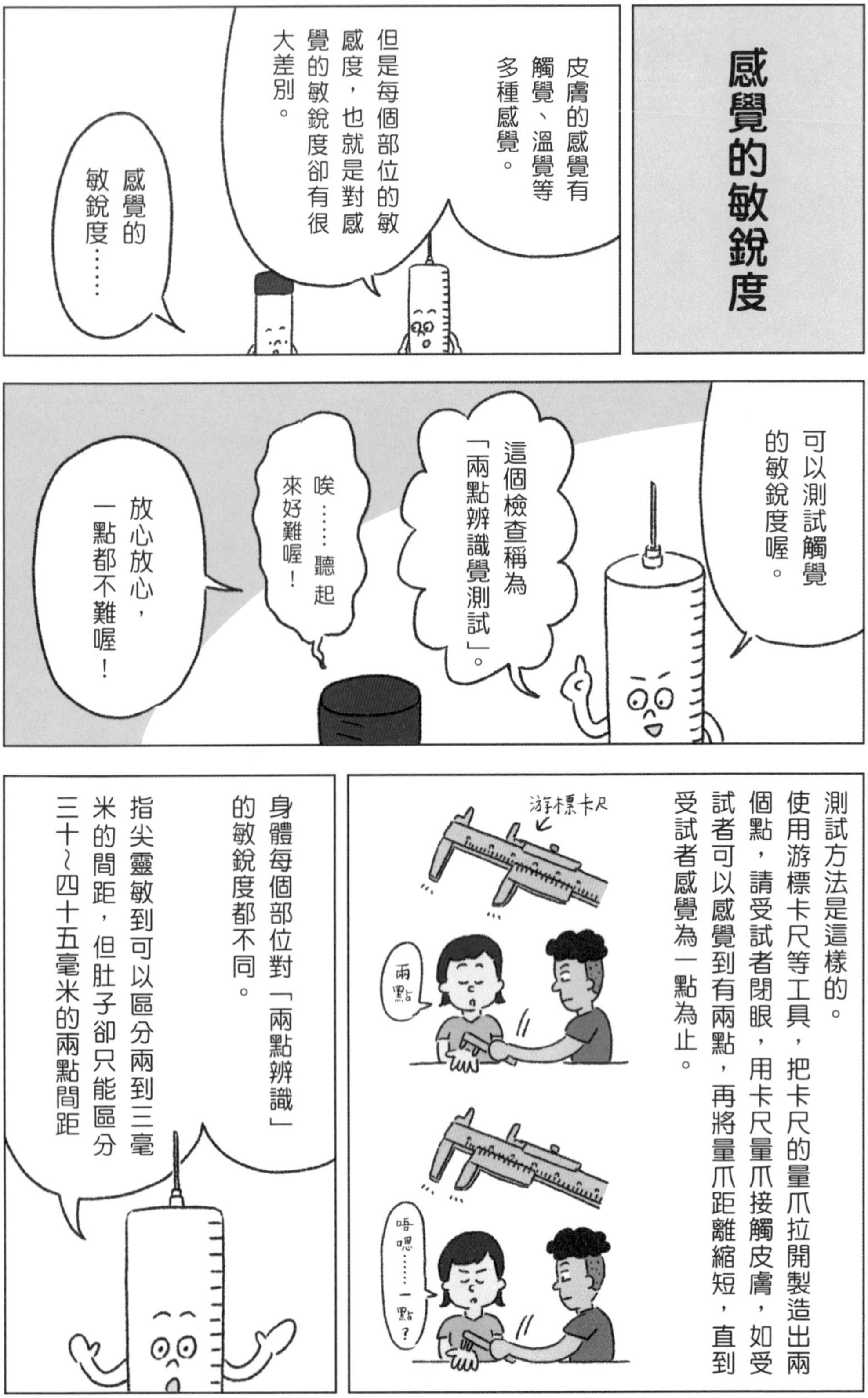
感覺的敏銳度
皮膚的感覺有觸覺、溫覺等多種感覺。
但是每個部位的敏感度，也就是對感覺的敏銳度卻有很大差別。
感覺的敏銳度……
可以測試觸覺的敏銳度喔。
這個檢查稱為「兩點辨識覺測試」。
唉……聽起來好難喔！
放心放心，一點都不難喔！
測試方法是這樣的。使用游標卡尺等工具，把卡尺的量爪拉開製造出兩個點，請受試者閉眼，用卡尺量爪接觸皮膚，如受試者可以感覺到有兩點，再將量爪距離縮短，直到受試者感覺為一點為止。
游標卡尺
兩點
唔嗯……一點？
身體每個部位對「兩點辨識」的敏銳度都不同。
指尖靈敏到可以區分兩到三毫米的間距，但肚子卻只能區分三十~四十五毫米的兩點間距

各部位兩點辨識能力的正常值
（專有名詞為「兩點覺閾」）

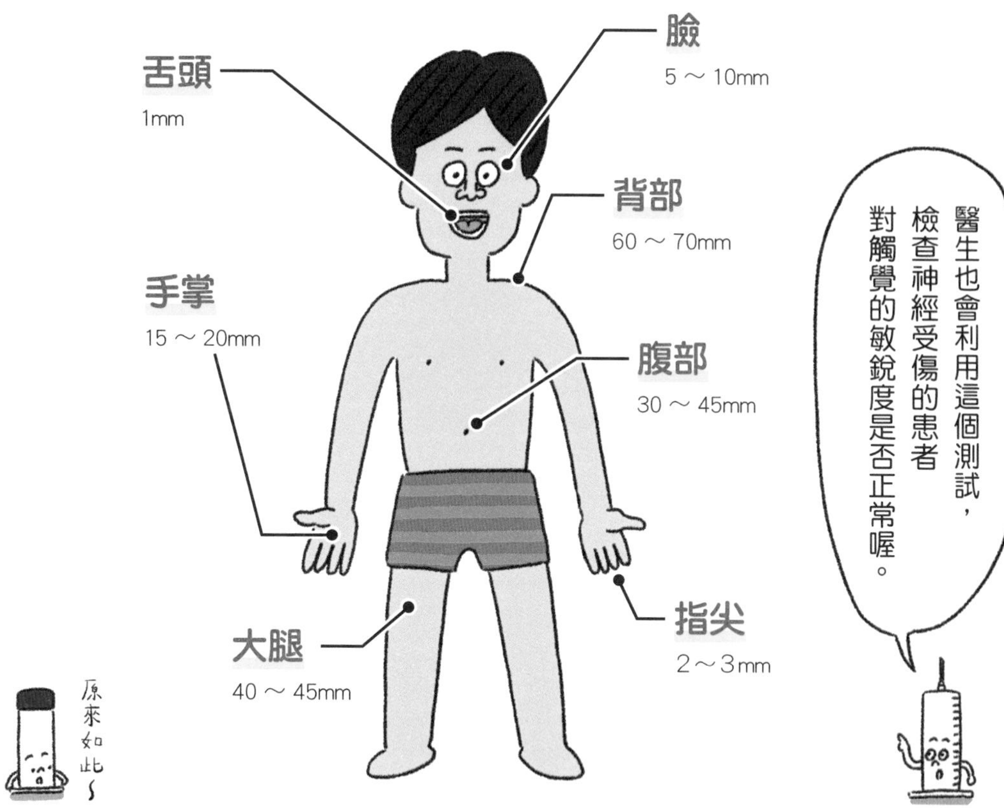
舌頭
1mm
臉
5 ～ 10mm
背部
60 ～ 70mm
手掌
15 ～ 20mm
腹部
30 ～ 45mm
指尖
2～3mm
大腿
40 ～ 45mm
醫生也會利用這個測試，檢查神經受傷的患者對觸覺的敏銳度是否正常喔。
原來如此～

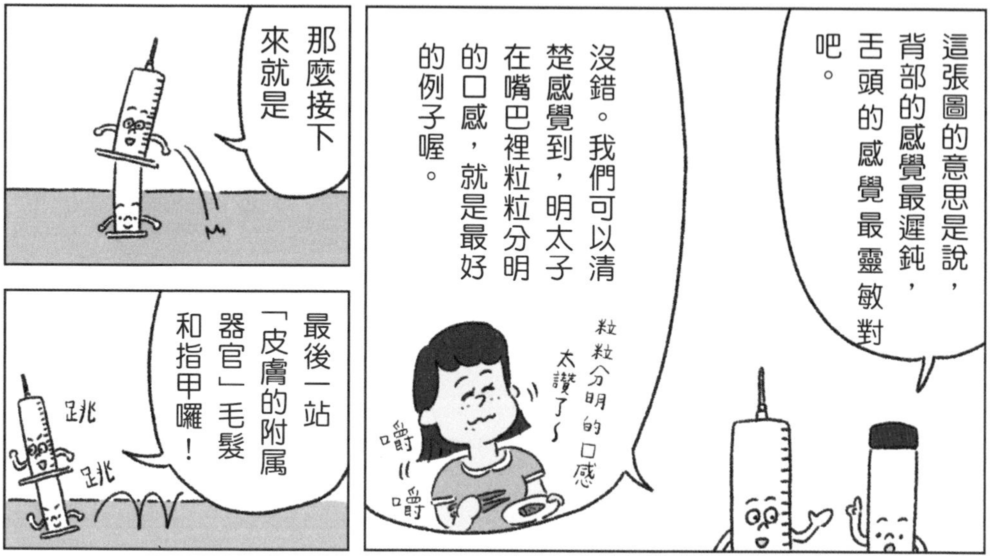
這張圖的意思是說，背部的感覺最遲鈍，舌頭的感覺最靈敏對吧。
沒錯。我們可以清楚感覺到，明太子在嘴巴裡粒粒分明的口感，就是最好的例子喔。
粒粒分明的口感太讚了～
嚼
嚼
那麼接下來就是
最後一站「皮膚的附屬器官」毛髮和指甲囉！
跳
跳

毛髮

毛髮是由皮膚的表皮細胞演變而來，除了手掌、腳底、嘴唇等處以外，幾乎全身都有毛髮。此外，毛髮中含有黑色素，毛髮的顏色，基本上就是由黑色素的種類及含量來決定的。

毛髮也有壽命，長了一段期間之後便會停止生長，自然脫落。據說一根頭髮的壽命約為二到五年。

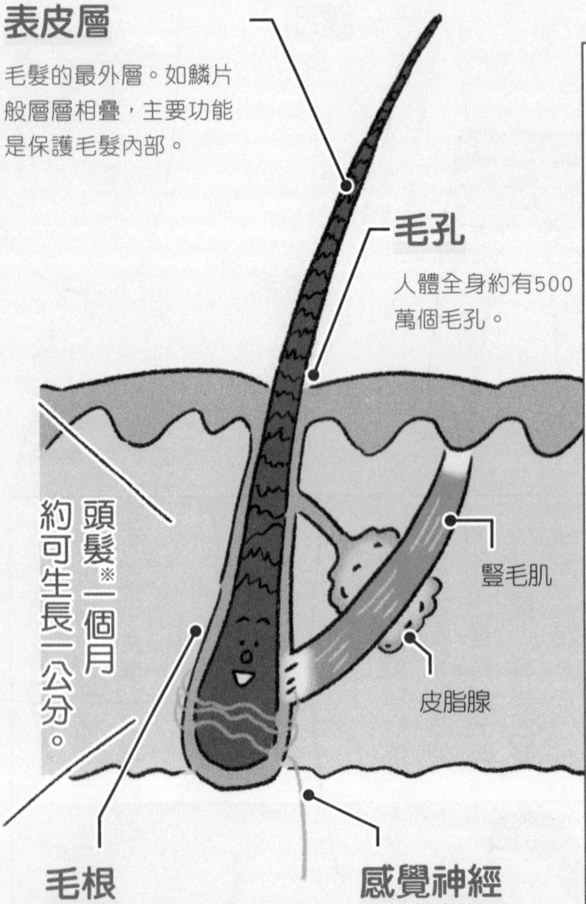

表皮層
毛髮的最外層。如鱗片般層層相疊，主要功能是保護毛髮內部。
毛孔
人體全身約有500萬個毛孔。
頭髮※一個月約可生長一公分。
豎毛肌
皮脂腺
毛根
毛髮埋在皮膚內的部分。
感覺神經
毛囊的周圍有很多感覺神經，因此毛髮也具有觸覺。

※插圖為「頭髮」的示意圖

更有趣的知識

毛鱗片的排列方向

毛鱗片位於毛髮的表皮層，自髮根向髮尾如魚鱗般順向重疊排列。因此如果用手指捏著1根頭髮滑動，會感覺髮根滑向髮尾的手感滑順、髮尾滑向髮根的手感較粗糙。

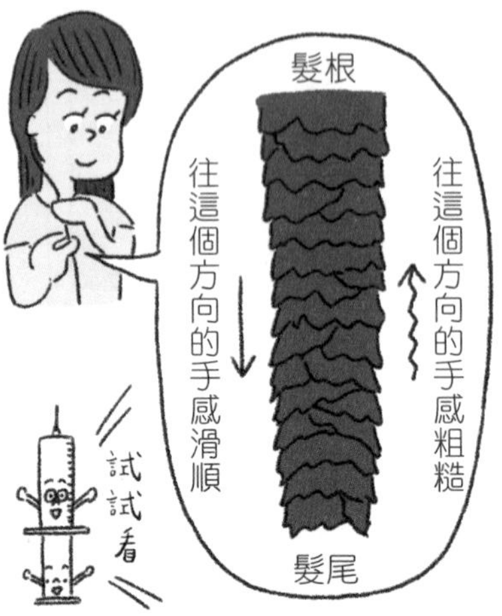

髮根
往這個方向的手感滑順
往這個方向的手感粗糙
髮尾
試試看

指甲

指甲和毛髮一樣，都是由皮膚的表皮演變而來，只位於指尖的背側。指甲不僅能保護指尖，還能讓手指順利抓取東西，進行精細作業。指甲每週大約可生長一毫米，年紀越輕的人，生長速度越快。此外，指甲本身是半透明的白色，由於指甲內側皮膚的微血管透出的顏色，才使得指甲呈現粉紅色。

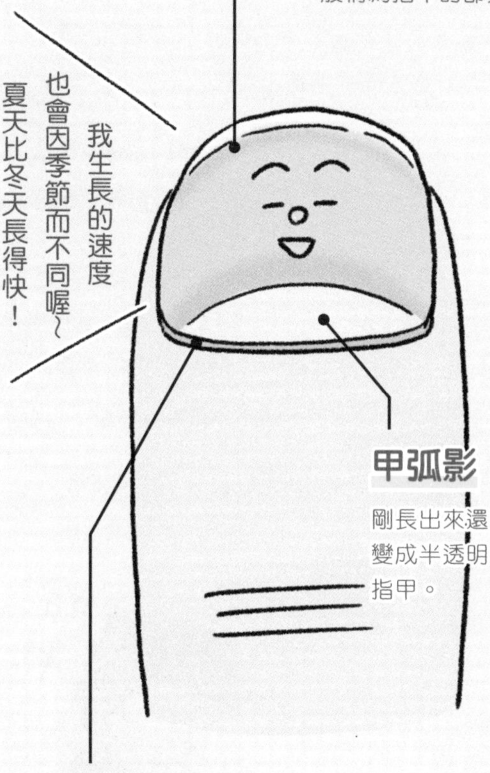

指甲體
一般稱為指甲的部分。
我生長的速度也會因季節而不同喔~夏天比冬天長得快！
甲弧影
剛長出來還沒變成半透明的指甲。
指甲上皮
覆蓋指甲根部的一層薄皮膚。又稱為「甘皮」。

更認識自己

從指甲看出健康狀況

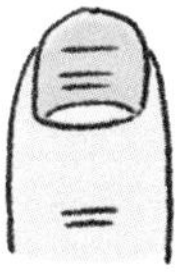

有橫紋的指甲

壓力過大或過勞等原因，造成指甲一度停止生長而產生的紋路。

有縱紋的指甲

身體老化的現象之一。壓力過大、睡眠不足、過勞等原因也會引起。

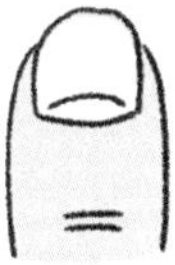

指甲呈白濁色

可能有腎臟或肝臟疾病。

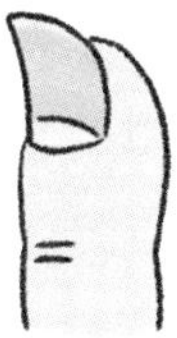

指甲往上翹

缺鐵性貧血，多半發生在女性身上。

什麼是過敏？

「過敏」指的是免疫系統（人體的自我防禦系統）對本來沒必要攻擊的異物產生過度反應，而造成蕁麻疹、皮膚發炎、皮膚發癢、打噴嚏、咳嗽等過敏症狀。引發過敏的原因有很多種，例如：食物或花粉等。這些引起過敏的物質就稱為「過敏原」。常見的過敏有下列幾種。

▼花粉症：吸入花粉引起的過敏反應。花粉症的主要症狀有：不斷流出透明水狀的鼻水、噴嚏打不停、眼睛和鼻子發癢、流眼淚等。甚至有些人的嗅覺和味覺會變遲鈍。花粉症的主要過敏原為杉木、水稻、檜木、豬草等植物的花粉。

▼食物過敏：人體免疫系統對食物中某些特定成分產生異常反應。食物過敏的常見症狀有：蕁麻疹、嘴巴發癢、全身泛紅、腹痛或腹瀉等。容易引起過敏的食物有雞蛋、牛奶、小麥、鯖魚和烏賊等魚貝類、香蕉等水果類、大豆、花生、蕎麥等。

▼接觸性皮膚炎：接觸到過敏原的一至兩天後，皮膚出現發炎等過敏反應。「金屬過敏」就是最常見的一種接觸性皮膚炎。主要症狀有：溼疹、皮膚發紅、皮膚發癢、起水泡、皮膚腫脹等。

此外，過敏症狀從輕微到重症都有，最嚴重的全身性過敏反應稱為「過敏性休克」，一旦發作，會在短時間內出現全身血壓低下等嚴重症狀，導致意識不清及昏迷等，甚至休克，危及生命。引發過敏性休克的常見原因有：蜂毒、食物、藥物、天然橡膠（乳膠過敏）等等。

即便從未過敏的人，也可能在某一天突然出現過敏症狀。一般來說，食物過敏通常從孩童時期就開始，但仍有部分過敏者在年紀較大時才出現。治療過敏的方式有：漸進式少量食用過敏原食物，逐漸增加身體耐受性的「口服免疫治療」、逐漸注入少量蜂毒毒素以降低往後因蜂螫引起全身性過敏反應的「減敏治療」等。不過，確實遵守過敏專科醫生的指示才是治療過敏的不二法門。

結語

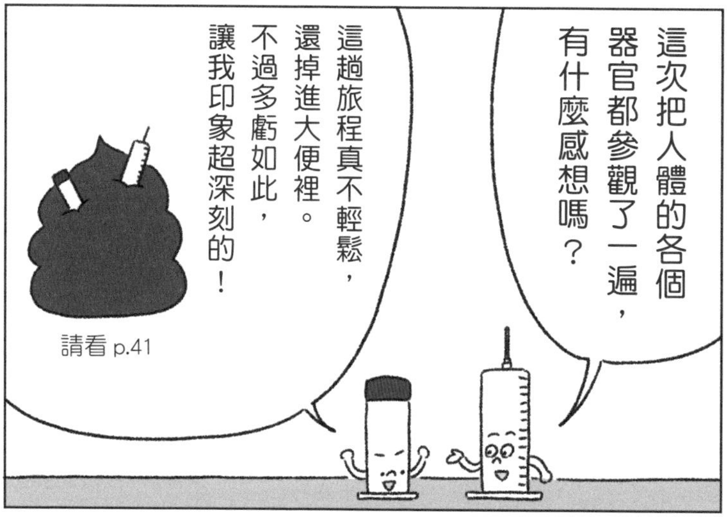
這次把人體的各個器官都參觀了一遍，有什麼感想嗎？
這趟旅程真不輕鬆，還掉進大便裡。不過多虧如此，讓我印象超深刻的！
請看 p.41

那我考你一題消化系統的問題！自小腸的入口算起，約二十五公分長的這段部位叫什麼名字？
哎……那部分好像屬於短期記憶，我想不起來了。
……看來記憶的種類倒是記得滿清楚的。
正確答案是十二指腸。
原來如此！十二指腸、十二指腸、十二指腸……
碎唸、碎唸
碎唸、碎唸

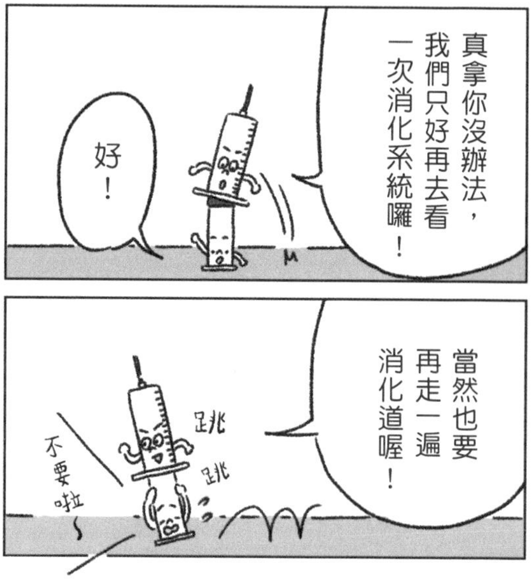
真拿你沒辦法，我們只好再去看一次消化系統囉！
好！
當然也要再走一遍消化道喔！
跳
跳
不要啦～

作者的話

如果能搞懂人體的運作機制，就能搞懂自己的身體，如此一來，才知道如何與身體共處、如何善待自己的身體。請把這本書多看幾次，跟著針筒兄弟，一起成為最了解自己身體的知識家吧！

上谷夫婦

索引

參考文獻

《大腦、心和身體圖鑑（暫譯）》Ken Ashwell，柊風舍出版／《腦與心的運作機制（暫譯）》池谷裕二，新星出版社出版／《圖解人體構造大全（暫譯）》伊藤善也，永岡書店出版／《趣味人體研究所》坂井建雄，楓葉社文化出版／《一目了然！用漫畫＆圖解讀懂人體構造的奧祕》坂井建雄，臺灣東販出版／《超精析！人體構造地圖》坂井建雄，瑞昇文化出版／《人體地圖（暫譯）》佐藤達夫，講談社出版／《人體解剖學》（竹內修二，晨星出版／《人體的不可思議圖鑑（暫譯）》竹內修二，PHP研究所出版／《皮膚會思考（暫譯）》傳田光洋，岩波書店出版／《新・人體教科書（暫譯）》山科正平，講談社出版。

少年知識家

最有梗的人體教室
針筒兄弟與他們的器官小夥伴

作者｜上谷夫婦（うえたに夫婦）
繪者｜上谷夫婦（うえたに夫婦）
監修｜竹內修二
譯者｜李沛栩

責任編輯｜呂育修
封面設計｜陳宛昀
行銷企劃｜葉怡伶

天下雜誌群創辦人｜殷允芃
董事長兼執行長｜何琦瑜
媒體暨產品事業群
總經理｜游玉雪
副總經理｜林彥傑
總編輯｜林欣靜
行銷總監｜林育菁
主編｜楊琇珊
版權主任｜何晨瑋、黃微真

出版者｜親子天下股份有限公司
地址｜台北市104建國北路一段96號4樓
電話｜(02)2509-2800　傳真｜(02)2509-2462
網址｜www.parenting.com.tw
讀者服務專線｜(02)2662-0332　週一～週五：09:00~17:30
傳真｜(02)2662-6048　客服信箱｜parenting@cw.com.tw
法律顧問｜台英國際商務法律事務所・羅明通律師
製版印刷｜中原造像股份有限公司
總經銷｜大和圖書有限公司　電話：(02)8990-2588

出版日期｜2022年 3 月第一版第一次印行
2024年 9 月第一版第八次印行
定價｜380元
書號｜BKKKC194P
ISBN｜9786263051539(平裝)
訂購服務
親子天下 Shopping｜shopping.parenting.com.tw
海外・大量訂購｜parenting@cw.com.tw
書香花園｜台北市建國北路二段6巷11號　電話(02)2506-1635
劃撥帳號｜50331356　親子天下股份有限公司

立即購買 >

國家圖書館出版品預行編目資料

最有梗的人體教室：針筒兄弟與他們的器官小夥伴 / 上谷夫婦圖文；李沛栩譯. -- 第一版.
-- 臺北市：親子天下股份有限公司, 2022.03
面；　公分
ISBN 978-626-305-153-9(平裝)
1.CST: 人體學 2.CST: 通俗作品
397　　110021871